어린이
북클럽

어린이 북클럽

김슬기 지음

열린어린이

책과 멀어진 아이에게 찾아온
책 수다의 기적

결혼 전, 독서논술 학원에서 일할 때였다. 상담실 문을 열고 들어오는 엄마들은 비슷한 이야기를 꺼냈다.

"아이가 책 읽기를 너무 싫어해요."

"만화책만 겨우 읽고, 글씨가 많은 책은 아예 펼치지도 않아요."

그때의 나는 적당한 공감을 건네며 학원의 커리큘럼을 소개할 뿐, 그 마음이 절절하게 와닿지는 않았다. 그 고민이 내 이야기가 될 줄은 꿈에도 몰랐으니까. 책을 좋아하는 엄마 밑에서 자란 아이는 당연히 책을 좋아하는 아이가 될 줄 알았다.

하지만 현실은 달랐다. 아이를 임신한 순간부터 그림책 태교를 시작해 유아기 내내 하루에 몇 시간씩 그림책을 읽어주며 책 육아를 했음에도, 초등학교에 입학한 아이는 점점 책과 멀어졌다. 문자보다 영상에 익숙해진 요즘 아이들에게는 책보다 더 즉각적이고 재미있는 것들이 너무 많았다. 스마트폰, 게임, 유튜브가 손끝 하나면 열리는 세상에서 책은 쉽게 밀려나기 마련이었다.

그렇다고 이대로 두고 볼 수는 없었다. 아이가 책과 다시 즐겁게 만날 방법을 찾아야 했다. 내가 찾은 해답은 '함께'의 힘이었다. 혼자 하는 읽기는 어른도 쉽지 않다. 나 역시 일과 육아에 지쳐 책과 멀어졌을 때, 책 모임을 통해 읽기를 되찾았다. 책을 읽고 서로의 생각을 나누는 즐거움이 독서를 지속할 수 있는 힘이 됐다.

아이에게도 그런 시간을 선물해 주고 싶었다. 그래서 친구들과 함께하는 어린이 북클럽을 시작했다. 책 읽기 싫어하던 아이들도 기꺼이 책을 펼치게 만든 힘은 바로 '친구'였다. 친구가 추천한 책이라면, "아묻따!" 아무리 두껍고 글밥이 많아도 일단 믿고 재미있게 읽었다. 그렇게 나눈 책이 한두 권씩 쌓일수록 아이들의 독서와 대화는 점점 더 깊어졌다.

아이들은 방학에도 북클럽을 계속해야 한다며 책 모임 방학을 거부할 정도로 책수다의 즐거움에 빠져들었다. 초등학교 1학년이었던 친구들이 어느새 자라 초등학교를 졸업한 후에도 아이들은 "북클럽만은 그만둘 수 없다" 입을 모으며 책 모임을 향한 열정을 불태웠다. 이 책은 그렇게 시작된 어린이 북클럽의 기록이자, 어린이 북클럽을 만들고 싶은 이들을 위한 안내서다. 초등학교 1학년부터 6학년까지, 초등 전 시기를 함께한 어린이 북클럽의 역사를 고스란히 담았다.

먼저 1부에서는 아이가 책을 싫어하게 된 이유와 그림책 읽기만으로는 채워지지 않았던 부분을 돌아보며 북클럽이라는 해답을 찾게 된 과정을 이야기했다. 2부에서는 첫 모임의 설렘과 시행착오, 책 고르기와 활동지 만들기 등 실제 운영 경험을 풀어냈다.

3부는 북클럽이 만들어 낸 변화를 기록했다. 독자에서 비평가, 창작자로 성장해 가는 아이들의 모습과 함께 읽고 나누며 쌓아온 우리만의 언어와 공감의 시간을 생생히 담았다. 마지막 4부는 실전 가이드로 멤버 구성과 운영 팁, 학년별 활동 아이디어 등을 구체적으로 정리했다.

일주일에 한 번, 아이들과 함께하며 기적 같은 순간들을 선물 받았다. 아이들은 언제나 예상치 못한 질문과 새로운 해석으로 나를 놀라게 했고, 그 진심 어린 한마디, 맑은 시선 하나하나가 내 안의 굳은 생각을 부드럽게 흔들어 주었다. 한 권의 책을 사이에 두고 서로의 생각을 듣고, 다름을 이해하며 함께 성장해 갈 수 있었던 일은 무엇과도 바꿀 수 없는 기쁨이었다.

아이들과 함께한 배움과 감동이 더 많은 이들에게 전해지길 바라며 이 책을 썼다. 책을 읽고 나누는 즐거움이 가정과 교실, 작은 모임 곳곳에 가득하길 소망하며 작은 씨앗을 틔워 보낸다.

2026년 봄

김슬기

차례

1부 어린이 북클럽 시작합니다!

1부

어린이 북클럽 시작합니다!

1

그렇게
그림책을 읽어줬는데!

내가 책을 읽었던 시간을 되돌아보면 언제나 엄마가 있었다. 내가 어릴 적만 해도 그림책이 지금처럼 흔하던 시절이 아니었다. 그럼에도 엄마는 고가의 그림책 전집을 들여놓고 수시로 나를 무릎에 앉혀 책을 읽어주셨다. 어린 나는 글자를 읽을 줄 모르는데도 엄마가 읽어준 그림책 속 문장을 통째로 줄줄 외워 읽었다. 덕분에 작은 시골 마을에 신동이 났다는 소문이 나기도 했다. 표지가 너덜너덜해지도록 읽었던 그 그림책 속 장면들은 지금도 선명하게 기억 속에 남아 있다.

버스를 타야 학교에 갈 수 있는 시골 마을에서 자란 나는 '책이 많은 공간'을 도저히 상상할 수 없었다. 그러다 여덟 살의 뜨거운 여름, 서울로 이사를 오면서 처음으로 서점을 보았다. 태어나서 그렇게 많은 책이 한곳에 모여 있는 광경은 처음이었다. 학교가 끝나면 매일 서점으로 달려가 몇 시간이고 책을 읽었다.

엄마는 나를 데리고 좀 더 멀리 가는 수고를 마다하지 않았다. 주말이면 엄마는 버스를 타고 가야 하는 먼 도서관에 나를 데려갔다. 돈을 내지 않고도 책을 빌려 집으로 가져갈 수 있다는 사실이 어린 나에게는 충격과 감동이었다. 오래된 책 냄새가 가득한 공간에 엄마와 나란히 앉아 함께 책을 읽고, 지하 휴게실에서 도시락이나 김밥을 사 먹는 시간은 일주일 중 가장 행복한 순간이었다. 나는 엄마와 도서관에 가는 날을 늘 손꼽아 기다렸다.

몇 년 뒤, 집 근처 주민센터에 작은 도서관이 생겼고, 엄마는 그곳에서 자원봉사를 했다. 덕분에 나는 도서관에서 일하는 엄마 곁에서 책을 읽기도 하고, 새 책에 바코드를 붙이는 라벨 작업을 돕기도 했다. 사람들이 반납하고 간 책을 정리하는 일, 엉뚱한 자리에 꽂혀 있는 책의 제자리를 찾아주는 일, 대출 장부를 쓰고 불을 끄고 문을 잠그는 일까지. 모든 게 세상 그 어떤 것보다 재미있는 놀이이자 설렘이었다. 엄마와 함께 도서관을 오가며 보낸 시간은 내 마음 깊은 곳에 남은 가장 따뜻한 풍경이자 소중한 선물이었다.

그림책 태교, 오래된 로망의 실현

그래서였을까. 결혼 후 임신 사실을 알게 되었을 때, 가장 먼저 한 일도 신혼집 근처 도서관에 찾아가는 일이었다. 엄마와 함께 도서관에서 느꼈던 기쁨을 아이와도 나누고 싶었다. 아이를 만나기 전부터 본능처럼 책으로 엄마가 될 준비를 했다. 임신 기간 내내 실천한 딱 하나의 태교는 그림책 읽기였다. 매주 도서관에서 빌려온 그림책을 하루에 한 권씩 남편과 함께 읽었다.

사실 그림책 태교는 내 오랜 로망이었다. 학창 시절부터 햇살이 쏟아지는 창가에 앉아 남편의 목소리로 책을 읽는 순간을 욕망했다. 묵직하고 부드러운 목소리로 내가 좋아하는 책을 읽어주는 모습을 상상하는 것만으로도 전율이 일었다. 하지만 로망은 로망일 뿐, 남편은 책을 즐겨 읽지 않는 '비독서인'이었다. 하늘의 별도 따다 줄 것 같은 연애 시절에도 그는 부끄럽고 민망하다는 이유로 소리 내어 책 읽어주기를 완강히 거절했다.

하지만 임신은 극심한 입덧과 두통을 동반했다. 온종일 속이 메슥거렸고, 머리는 지끈거렸다. 그는 힘들어하며 버티는 아내의 부탁을 모른 척할 만큼 모진 사람이 아니었다. 이때를 놓치지 않고 나는 도서관에서 빌려온 그림책을 내밀며 아빠가 해야 할 중요한 태교를 하달했다. 매일 밤, 잠들기 전 그림책 한 권을 소리 내어 읽어주기였다.

"당신은 종일 밖에 나가 있으니까, 아기가 아빠 목소리를 못 듣잖아. 뱃속에 있을 때부터 목소리를 많이 들어야 나와서도 그 목소리를 기억하고 친근감을 느낀대. 아기가 태어나면 그림책을 읽어줘야 하니까 미리 연습도 되고, 무엇보다 당신이 그림책을 읽어주면 입덧으로 지친 내 몸과 마음에 힐링이 될 것 같아. 자기 목소리로 듣는 독서는 내 오랜 로망이었잖아."

남편은 고개를 끄덕였고, 그렇게 우리는 매일 밤 한 권의 그림책을 함께 읽는 그림책 태교를 시작했다. 도서관에는 국내외 작가들의 개성 넘치는 작품이 가득했다. 매일 밤 새로운 그림책을 펼칠 때마다 또 하나의 세계를 만나는 듯했다. 글과 그림이 어우러져 또 다른 이야기를 빚어내는 그림책에는 숨겨진 메시지가 가득했다.

꼼꼼하고 차분한 성격의 남편은 뛰어난 관찰력으로 내가 미처 보지 못한 그림 속 숨은 이야기를 찾아냈다. 때로는 내가 이해하지 못한 장면의 의미를 해석해 풀어주기도 했다. 우리는 글책과는 또 다른 그림책의 매력에 깊이 빠져들었다. 몇 줄의 짧은 문장과 한 장의 그림이 만들어내는 깊이는 장편소설보다 더 긴 여운을 남기기도 했다.

품 안의 낭독과 그림책 육아 선생님

아빠가 읽어주는 그림책을 먹고 자란 아이는 임신 35주, 갑작스러운 양수 파열과 응급 수술로 세상에 나왔다. 뱃속에서 9개월도 채우지 못한 아이는 영아산통을 심하게 앓았고, 만 세 돌까지 30분 이상 누워서 자지 않는 영아기를 보냈다. 짧게는 30분에서 길게는 2시간까지 하루에도 몇 번씩 반복되는 잠투정의 시간. 나는 아이를 안고 어르며 자장가를 부르는 대신 따뜻하고 아름다운 글이 담긴 책을 소리 내어 읽기 시작했다. 내 책 읽을 시간을 따로 내기 어려울뿐더러, 영원히 끝나지 않을 것만 같은 순간의 시곗바늘을 움직이게 만드는 생존 전략이었다. 아이는 내 품속에서 많은 책을 들었고, 그림책은 아기와 놀아주기가 세상에서 제일 어려운 엄마의 유일한 무기가 되었다.

초점책으로 시작해 헝겊책, 보드북, 사운드북을 거쳐 시 그림책과 생활 그림책, 전 세계의 다양한 창작 그림책까지. 밥 먹기와 옷 입기, 정리하기는 물론 배변하기와 양치하기, 어린이집에서 친구와 놀기, 싸운 친구와 화해하기 등등 아이는 발달 과정에서 배워야 하는 기본적인 생활 습관 모두를 그림책과 함께 익혔다. 아이는 아기 변기에 앉을 때마다『똥이 풍덩!』그림책을 가지고 왔다. 읽고 또 읽고, 하루에도 수십 번씩 반복해서 읽다 보니 글자를 모르는 아이도 책 속의 문장을 줄줄 외웠고, 아이는 어느 날 팬티를 들고 오더니 자발적으로 기저귀를 뗐다.

말을 한창 배우는 시기, 아이는 일상 곳곳에서 그림책 속 문장을 쏟아냈다. 그림책은 그 자체로 아이의 장난감이기도 했다. 아이는 책장에 꽂혀 있는 그림책을 와르르 꺼내 바닥에 길게 깔아 기차를 만들고 인형을 태우며 놀았다. 수많은 그림책을 펼쳐 세운 집 한가운데 앉아 먹는 간식을 가장 좋아했다. 나는 아이가 가지고 오는 책이라면 그게 뭐든, 언제든, 몇 번이든 반복해서 읽어주었다. 글밥이 많아 한 권을 읽는 데 20분이 족히 걸리는 그림책도 아이의 사랑을 듬뿍 받았다. 아이는 "한 번 더, 한 번 더!"를 셀 수 없이 외쳤고, 특별히 좋아하는 그림책은 자기만의 놀이로 연결되었다.

"엄마, 우리 밭매기 놀이하자. 팥죽 할머니랑 호랑이랑 밭매기 내기한 것처럼 엄마랑 나랑 누가 더 빨리 밭을 매나 시합하는 거야. 알았지? 여기가 밭이다? 시작!"

『팥죽 할머니와 호랑이』 읽고 밭매기 놀이하기,『내 귀는 짝짝이』 읽고 한쪽 귀가 처진 토끼 따라 뛰기,『난 토마토 절대 안 먹어』 읽고 롤라와 찰리처럼 식재료에 새로운 이름을 붙여 소꿉놀이하기 등. 그림책은 엄마의 육아 도우미이자, 아이와 진심으로 소통하는 선생님이 되었다.

엄마를 살린 그림책, 그리고 찾아온 반전

그림책 읽기의 시작은 아이를 위한 것이었지만, 점점 나 자신을 위한 읽기로 진화했다. '이렇게 해라, 저렇게 해라' 지침과 조언이 넘쳐나는 육아서에서는 느낄 수 없는 따스한 위로와 강렬한 깨달음이 그림책에 있었다. 육아서의 백 마디 말보다 강한 그림책 한 줄의 힘으로 영원할 것만 같던 영유아기를 지나왔다. 임신과 출산으로 달라진 내 몸을 보며 좌절할 때, 독박 육아의 굴레에서 주저앉고 싶을 때, 아이를 향해 날아드는 판단과 평가의 말에 휘청일 때. 그림책은 매번 은은한 빛을 비춰주었고, 그 빛을 따라 긴긴 육아의 터널을 무사히 빠져나왔다.

나와 내 아이에게 등불이 되어준 그림책의 힘을 전하고 싶어 책을 썼다. 투고 후 출판사와의 논의 끝에 영유아를 양육하는 엄마를 위한 책으로 바뀌었지만, 처음 기획은 그림책 태교서였다. '초보 엄마 멘붕 방지 프로젝트'라는 부제 아래, 엄마로 태어난 '나'와 내 아이를 함께 키워가는 육아를 제안했다. 그림책은 임신 사실을 알게 된 순간부터 영유아기까지, 아이와 나 모두에게 줄 수 있는 가장 아름다운 선물이자 생활필수품이라고 믿었다. 그만큼 아이에게 온 마음을 다해 그림책을 읽어주었고, 그림책을 통해 나눈 사랑과 추억이 가득했다.

그렇게 그림책과 함께 아이를 키운 이야기를 담아 『엄마, 내 그림책을 빌려줄게요』를 펴냈고, 아이는 드디어 초등학교에 입학했다. 나는 나와 엄마가 그랬던 것처럼, 초등학생이 된 아이와 나의 데이트를 상상했다. 주말이면 함께 도서관에 가서 각자의 책을 골라 읽고, 배가 고프면 휴게실에서 맛있는 간식을 사 먹고 집으로 돌아오는 풍경. 한 달에 한 번은 농네 서점에서 서로 사고 싶은 책을 한 권씩 골라 사 들고 오는 소소한 기쁨. 그런 시간이 우리 모녀의 새로운 일상이 되리라 믿어 의심치 않았다. 상상만으로도 가슴이 따뜻해지고, 내 어린 시절의 행복이 다시 피어났다.

하지만 입학한 지 채 두 달이 지나지 않아 아이는 소리쳤다.

"책 읽기 싫어! 재미없어!"

나는 처음에는 그 말을 이해하지 못했다. 그냥 멍하니 서서 한동안 아이를 바라보았다. 친정 엄마에서 내게로 이어지는 책을 좋아하는 유전자는 분명히 딸에게로 이어졌다고 믿어왔다. 그런 내 딸이 저런 말을 할 수는 없었다. 한 번도 상상조차 하지 않았던 일이 내 앞에 모습을 드러내고 있었다. 남의 일로만 여겼던 책을 싫어하고 멀어져 가는 아이가 바로 내 딸이었다.

2

책 읽기 싫다는 우리 아이,
어떡하지?

아이가 책과 멀어지기 시작한 건 언제부터였을까. 무엇이 문제였을까? 지나온 시간을 되짚어 보았다. 출산 후부터 영아기까지는 오롯이 혼자 육아를 했기 때문에 책 읽어줄 시간이 충분했다. 늘 업무가 많았던 남편은 매일 밤 11시가 넘어서야 퇴근했던 터라 뱃속의 아이에게 그림책을 읽어주던 솜씨를 발휘할 시간은 당연히 없었다. 아이가 돌이 지났을 무렵, 남편은 왕복 여섯 시간이 걸리는 회사로 이직을 했다. 하루 종일 운전과 업무로 지친 남편은 주말에만 집에 돌아올 수 있었고, 우리는 자연스럽게 주말부부가 되었다. 아이에게 그림책을 읽어주는 일은 오롯이 엄마인 내 몫이었다.

아이가 어릴 때는 한참 개발 중인 지방 도시에 살았다. 집 근처 여기저기가 공사 중이라 먼지와 소음이 끊이지 않았고, 인도가 따로 없는 길도 많아 유아차를 끌고 다니기도 쉽지 않았다. 당시 운전을 하지 못했던 나는 20분 거리의 병원도 버스로 50분을 걸려 다니곤 했다. 그러다 보니 백화점이나 문화센터처럼 양육자들이 모이는 곳에 가는 것은 더욱 어려운 일이었다. 대신 집에서 아이와 그림책을 가지고 마음껏 놀았다. 우리는 작은 집 거실에서 그림책을 통해 세상을 만나고 여행했다.

아빠의 등장, 엄마의 변화

아이가 유치원에 들어갈 즈음, 남편이 회사를 그만두고 집에 돌아왔다. 남편은 주말부부 생활의 종결을 원했고, 아이와 함께 시간을 보낼 수 있는 일을 찾았다. 우리는 비교적 시간이 자유로운 사업을 선택하며 친정과 시가가 있는 서울로 이사했다. 1~2년간의 혹독한 적응기를 지나 사업이 안정되자 아빠와 아이가 함께 하는 시간이 늘어났다. 아빠는 몸으로 놀아주기를 잘했다. 평소 운동을 좋아하고 체력이 좋은 남편은 아이의 눈높이에 맞춰 뛰고 구르며 놀았다.

무엇보다 놀라운 건 그의 상상력이었다. 특별한 장난감이 없어도 주변의 사물로 금세 놀이를 만들어냈고, 아이가 좋아할 만한 게임이나 미션을 척척 떠올렸다. 주말이면 아이를 데리고 산으로, 강으로, 뮤지컬 공연장으로 향했다. 봄에는 벚꽃이 핀 공원에서 자전거를 타고, 여름에는 계곡에서 물놀이를 했다. 평일에도 예외는 아니었다. 일주일에 한두 번은 하원을 한 아이와 밖에서 놀다 저녁까지 먹고 8시가 넘어서야 집에 들어왔다. 아이는 샤워하고 머리카락을 말리다 잠이 들기 일쑤였다.

아이는 나와 함께 있는 날에는 여전히 읽고 싶은 책을 한아름 들고 오며 독서에 흥미를 보였지만, 이제는 나의 상황이 이전과 사뭇 달라졌다. 내가 일을 하기 시작한 것이다. 남편이 육아에 동참한 시점부터 나는 여유 시간이 생길 때마다 글을 썼다. 그러다 아이가 유치원에서 가장 큰 언니 반이 되었을 때, 내가 쓴 글이 첫 책으로 출판됐다. 출간 이후 이어진 강연과 홍보로 나는 갑자기 바빠졌다.

일하는 엄마의 고단함과 책 읽어주기의 어려움

"엄마? 엄마? 엄마 자?"

강의를 다녀온 날은 책을 읽다 잠이 들어 손에 든 책을 떨어트리거나 같은 문장만 횡설수설 반복하는 잠꼬대를 했다. 책을 읽어주기 시작한 지 10분도 채 되지 않아 나를 부르는 아이의 목소리를 자주 들어야 했다. 이런 와중에 바로 다음 책 작업에 들어가며 정신없는 날들이 이어졌다. 나는 아이가 유치원에 간 사이 글을 쓰고 이따금씩 강의를 나가는 프리랜서이니 매일 아침부터 저녁까지 근무하는 직장맘에 비하면 한결 느슨할 거라 생각했다. 하지만 글쓰기와 육아를 병행하는 것은 생각보다 훨씬 고단한 일이었다. 마감에 쫓기며 글을 쓰고 강연을 준비하는 생활이 반복되자 몸이 따라주지 않았다.

'대체 하루 종일 직장에서 일하는 엄마들은 일과가 끝나고 집에 돌아와 어떻게 책을 읽어주는 걸까?'

일하는 엄마가 되기 전에는, 아이가 어릴 땐 그림책을 잘 봤는데 혼자서는 책을 읽으려고 하지 않는다며 읽기 독립의 어려움을 토로하는 양육자나 주변 지인들에게 "아이가 한글을 읽을 줄 안다고 해서 혼자 책을 읽을 수 있는 건 아니에요. 글자를 해독하는 것과 내용을 이해하는 것은 별개의 문제거든요.”라는 전문가의 조언을 전해주었다.

전문가들은 읽기 독립을 위해서는 더 오랜 시간 책 읽어주기를 지속해야 한다고 말한다. 심지어 눈으로 읽고 이해하는 능력과 귀로 듣고 이해하는 능력이 비슷해지는 중학생 무렵까지 읽어주기를 계속해 주는 것이 좋다고 당부한다. 나는 짐 트렐리즈의 『하루 15분 책 읽어주기의 힘』이나 마쓰이 다다시의 『어린이와 그림책』, 도로시 버틀러의 『쿠슐라와 그림책 이야기』와 같은 책을 추천하며 나 역시 그렇게 해주리라 다짐했다. 의지만 있으면 가능한 일이라 믿었다.

하지만 막상 내가 일하는 엄마가 되어보니 그 다짐은 생각보다 지키기 어려웠다. 하루를 마치면 목소리조차 제대로 내기 힘들 만큼 피로가 몰려왔다. 이전처럼 정성스럽게 책을 읽어줄 여력이 남아 있지 않았다. 책 읽어주기의 중요성을 누구보다 잘 알고 있었지만, 그것을 꾸준히 실천하는 일은 불가능에 가까웠다. 마음과 달리 체력이 뒷받침되지 않았고, 일과 육아를 병행하는 고단함을 절절하게 실감하는 날을 보냈다. 초등학교 입학 전의 두 계절이 그렇게 속절없이 지나갔다.

그리고 찾아온 3월, 우리는 학교라는 새로운 세계에 진입했다. 예민하고 낯가림이 심한 아이는 새로운 환경에 적응하는 걸 매번 힘들어했다. 작은 가정형 어린이집을 다닐 때도, 유치원에서도, 아이는 늘 조용히 혼자 놀며 선생님의 눈치를 살피기 바빴다. 혹시라도 선생님께 혼날까 봐 벌레에 물려 퉁퉁 부은 팔이 아프다는 말도 못하고 끙끙 참다 오는 아이. 불안과 두려움이 높은 아이에게 학교생활은 살얼음판을 걷는 날들이었다. 선생님은 아이들이 한글을 능숙하게 읽고 쓸 수 있다는 전제하에 수업을 진행했지만, 아이는 사실 아직도 'ㄱ'과 'ㅋ'을 헷갈릴 만큼 한글 습득에 어려움을 겪고 있었다. 선행 학습을 중시하며 사교육을 시키지 않은 탓도 있었지만 아이의 발달 자체가 또래보다 느리기도 했다.

이른둥이로 태어난 아이는 늘 작고 약했다. 영유아검진 성장곡선 백분위수(같은 성별과 같은 나이의 영유아 100명 중에서 작은 쪽에서부터의 순서)는 언제나 한 자리였다. 또래 친구들보다 한 뼘 이상 작은 아이는 학교생활을 하며 더욱 움츠러들었다. 읽고 또 읽어 자신 있게 줄줄 외우다시

피 하던 책도 한 문장, 한 문장을 읽을 때마다 "엄마 이게 맞아? 나 제대로 읽었어? 틀렸어?" 물으며 불안해했다.

아이는 글자 읽기를 두려워했다. 혼자서는 책을 읽으려 하지 않았다. 나는 "틀려도 괜찮아, 누구나 처음은 그래. 계속 읽다 보면 잘할 수 있어."라며 격려했지만, 아이의 마음에는 닿지 않았다. 정답을 맞추지 못하는 것, 지적받는 것을 극도로 두려워하는 아이에게 책 읽기는 무서운 테스트가 되어버렸다. 엄마와 함께 시간을 보내는 방법이자 놀이였던 이야기보따리가 이제는 펼치고 싶지 않은 시험지가 되어버린 것이다. 아이는 스스로 읽기를 싫어하는 것은 물론이고 엄마가 읽어주는 것조차 반기지 않았다. 틈만 나면 책을 가지고 와 읽어달라고 하던 모습이 눈에 띄게 줄었다. 내가 먼저 "엄마가 책 읽어줄까?"라고 물어도 "책은 잠자기 전에 읽을래."라고 답하며 다른 놀이를 하자고 했다.

다시 즐거운 책 읽기를 위하여

'읽기 독립은 모든 아이들에게 어려운 고비이고, 긴 시간이 필요한 과정이다. 그러니 시간을 두고 천천히, 우리 아이의 속도에 맞춰 나아가보자.'라고 거듭 다짐했다. 하지만 아이가 책 읽기의 즐거움을 잃어가고 점점 책으로부터 멀어지자 조급해졌다. 어떻게 하면 아이가 책을 다시 재미있다고 생각할 수 있을까? 어떻게 해야 아이가 책 읽기에 대한 부담과 두려움을 내려놓을 수 있을까? 머릿속에서 질문은 꼬리에 꼬리를 물었다. 무엇보다 틈만 나면 책을 읽고 글을 쓰며 육아의 고단함을 극복해 온 내가 아닌가. 이런 엄마 아래 자란 아이가 책을 싫어하다니 이럴 수는 없다 싶었다. 정말 울고 싶어졌을 때 머릿속에 질문이 떠올랐다.

'그럼 나는? 나는 어쩌다 책 읽기의 즐거움을 되찾았지? 나도 일하랴, 돈 벌랴 바빠서 책 읽을 시간 없이 사는 어른이었는데, 어쩌다 꾸준히 책을 읽고 쓰게 되었지?'

질문의 답은 명확했다. 나 혼자라면 할 수 없었다. '함께'의 힘에 기댈 수 있었던 독서 모임이 나를 꾸준히 읽는 사람으로 만들었다. 그렇다면 아이는? 책 읽기가 싫다고 하는 아이를 이끄는 방법이 있지 않을까?

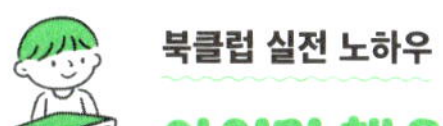

아이가 책 읽기를 싫어하는 이유

아이가 책 읽기를 싫어할 때, 다양한 질문을 던지며 이유를 찾아보세요. 아이의 마음속에는 작은 신호들이 숨어 있을지도 모릅니다. 아래 질문에 '예/ 아니오'로 답하며, 우리 아이의 독서 환경을 점검해 보세요.

환경 요인 : 책보다 세상이 더 시끄럽다면

- 책 읽기가 학습이나 테스트처럼 느껴져 부담이 되고 있는가?
- 학교, 학원, 바깥 활동 등으로 피곤하거나 지쳐 있는가?
- TV, 스마트폰, 게임 등 책보다 더 즉각적인 재미를 주는 매체에 자주 노출되어 있는가?

아이의 일상이 과도한 자극으로 채워지면, 책은 또 하나의 과제처럼 느껴질 수 있어요. 우리 아이는 TV, 스마트폰, 게임 같은 매체에는 거의 노출되지 않았지만, 학교생활 자체에서 오는 피로가 컸어요. 방과 후에도 책을 펼치기보다 조용히 쉬거나 혼자 놀며 마음을 가라앉히길 원했죠. 주말에도 시끄러운 소음이 있는 공간이나 바깥 활동보다는 집 안에서 고요하게 머무는 걸 더 좋아하는 성향이었습니다.

발달·책 수준 요인 : 아직 책이 어려운 걸지도 몰라요

- 읽기 속도가 느려 성취감보다는 좌절감을 느끼고 있는가?
- 아이의 관심사와 발달 수준에 맞는 책을 읽고 있는가?

글자를 해독하는 것과 내용을 이해하는 것은 전혀 다른 과정이에요. 수준에 맞지 않는 책은 흥미를 잃게 만들고, 자존감의 문제로 이어질 수도 있습니다. 우리 아이 역시 읽기 속도가 느려 좌절감을 느꼈고, 한글을 깨친 뒤에도 긴 문장과 글밥 많은 책을 버거워했어요. 그래서 짧고 익숙한 그림책을 충분히 더 읽으며 성공 경험을 쌓을 수 있도록 도왔습니다.

정서·관계 요인 : 마음이 편해야 책도 열린다

- 양육자와의 관계나 환경 변화로 인한 불안이 없는가?
- 양육자가 책 읽는 모습을 보여주는 등 자연스러운 독서 환경이 조성되어 있는가?
- "책을 읽자"는 강요나 잔소리로 인한 부정적 경험이 누적

되어 있지 않은가?

마음이 불안하면 글자도 눈에 들어오지 않아요. 아이가 편안해야 책 속 이야기에도 마음을 열 수 있어요. 저는 집에서 책을 즐겨 읽고, 아이에게 책을 강요하거나 잔소리한 적은 없었지만, 돌봄 중심의 아늑한 유치원에서 학습 중심의 넓은 학교로 옮겨가면서 아이의 환경이 크게 바뀌었어요. 낯선 규칙과 평가 중심의 분위기 속에서 아이가 긴장을 많이 했고, 그 불안이 책 읽기에도 영향을 미쳤던 것이죠.

'싫어한다'는 말 뒤엔 이유가 있다

아이들이 책을 멀리하는 데에는 환경, 발달, 정서 등 여러 요인이 얽혀 있어요. 책을 다시 좋아하게 만드는 첫걸음은 '왜 싫은지'를 함께 들여다보는 일이에요. 그 이유를 제대로 알아야 아이의 마음을 이해하고, 다시 책과 이어질 열쇠를 찾을 수 있습니다. 조급한 마음을 내려놓고, 아이를 책으로 끌어당길 첫걸음을 함께 시작해 봐요.

3

나를 돌아보고 찾은 해답,
그래 북클럽이야!

학창 시절에 나는 학교가 끝나면 곧장 동네 서점으로 달려가 몇 시간씩 책을 읽곤 했지만, 대학을 졸업하고 일을 시작하면서 자연스레 책과 멀어졌다. 먹고 사는 일은 얼마나 고단한가. 아이를 먹이고 입히는 육아는 또 얼마나 치열한가. 아침부터 밤까지 반복되는 일상에서 나를 위한 시간을 갖는 것은 쉽지 않았다. 어쩌다 틈이 나도 독서에 쓸 에너지는 부족했다. 어린 아기를 키우는 엄마의 하루는 매일 정신 없이 흘러갔고, 잠잘 시간도 부족한 일상에서 책 읽기는 쉽게 뒷전이 되었다.

하지만 나로 숨 쉬는 순간이 필요했다. 내 삶의 주인으로 내가 살아낸 하루를 돌아볼 시간. 과거의 나를 위로하고 오늘의 나를 해석할 시간. 나를 짓누르는 부정적인 감정을 정화하고, 더 나은 내일을 기대할 수 있는 시간. 산후우울증으로 무너졌던 나에게 가장 간절했던 시간은 바로 이런 시간이었다. 그래서 책을 읽기로 결심했다. 그러나 매번 결심은 쉽게 무너졌고, 그때마다 나를 다시 붙잡아준 것은 '책 모임'이라는 가벼운 강제성이었다. 책을 읽고 함께 나눈다는 '약속'은 바쁜 일상 속에서도 독서할 시간과 에너지를 기어코 만들어내게 했다.

독서의 불씨를 되살려 준 독서 모임

2014년 가을, 태어나 처음으로 독서 모임에 참여하게 되었다. 아이 그림책을 대여하러 도서관에 들렀다가 우연히 본 공지였다. 모임의 이름은 '책과 나 돌봄'. 30~40대 주부가 2주에 한 번 모여 심리학 책을 읽고 나눈다고 했다. 책 모임 경험도 없고 낯가림이 심한 성격이지만, 두 달간의 단기 모임이라는 말에 용기를 냈다.

동네에서 상담센터를 운영하는 소장님이 독서 모임을

진행했다. 첫날의 어색함도 잠시, 모임이 시작되면 두 시간이 순식간에 지나갔다. 심리학 책을 함께 읽고 나누며 요즘 내 감정을 들여다봤다. 어렵게 느껴졌던 책도 모임 날짜에 맞춰 어떻게든 읽게 됐다. 두 달의 기간이 끝난 후에도 모임은 정기적으로 이어졌다. 계절이 세 번 바뀌는 동안 독서 모임을 이어가며 내 안의 기질과 상처, 기억, 꿈을 발견했다. 있는지도 몰랐던 가슴 속의 조각들을 찾아 맞춰냈다.

하지만 모임을 이끌던 소장님의 개인 사정으로 이내 모임이 중단됐다. 2주에 한 번씩 가던 책 모임이 사라지니 2주에 한 권씩 읽던 독서도 멈춰 섰다. 정신없이 지나가 버린 계절 앞에서 나는 결심했다. '아, 최소한의 강제성을 만들어야겠다!' 그렇게 한 달에 두 권을 함께 읽는 온라인 밴드를 만들어 참가자를 모집했다. 오프라인 모임을 만들 용기는 나지 않는, 소심한 내향인의 최선이었다. 다시 책 모임을 시작하자 책을 읽는 리듬도 되살아났다.

읽는 세계의 확장, 온라인 북클럽의 힘

2015년에 만든 온라인 모임에서는 매달 멤버들이 추

천한 책 중 두 권을 투표로 선정했다. 덕분에 모임을 하며 평소의 나였다면 절대 고르지 않았을 책들과 만났다. 북클럽의 가장 큰 장점 중 하나는 '읽는 세계의 확장'이었다. 각자의 관심사가 다른 사람들이 모이기 때문에 매달 전혀 다른 주제의 책이 선정됐다. 어떤 달에는 철학서를, 어떤 달에는 역사책을, 때로는 미술책과 과학책을 읽으며 세상을 보는 시선이 조금씩 달라졌다. 비슷비슷한 책에만 머물던 혼자 읽기의 세계를 뛰어넘어 독서의 깊이와 폭을 동시에 넓혀갔다.

비록 온라인이었지만 책 모임은 놀라운 힘을 발휘했다. 우리는 종종 밴드에 짧은 감상을 나누거나 좋았던 문장을 공유하곤 했는데, 혼자 읽을 때는 지나쳤던 문장이 누군가의 이야기를 통해 새롭게 빛나는 경험을 했다. 종이 위에 머물던 문단이 또 다른 삶의 경험과 만나 전혀 다른 의미로 확장되기도 했다. 북클럽은 단순히 함께 책을 읽는 장을 넘어 생각이 오가는 공간이 되었다. 이런 나눔의 힘을 만날수록 직접 얼굴을 마주하고 말을 주고받는 시간이 그리워졌다. 책 속 문장을 사이에 두고 서로의 이야기를 듣는 온기가 사무쳤던 2016년의 가을, 나는 다시 한번 용기를 내어 오프라인 독서 모임을 해보기로 했다.

물론 북클럽 리더를 해본 적도 없으니 두려움이 앞섰다. '독서 모임을 하려면 경험 많은 선생님이어야 하지 않을까?', '나처럼 평범한 엄마들이 모여 수다 떠는 모임이라도 괜찮을까?' 그러다 독서 모임 리더는 전문가여야 한다는 고정관념을 지우기로 했다. 꼭 깊이 있는 토론이 아니어도, 그냥 함께 읽었다는 기쁨을 나누는 모임을 만들기로 했다. 마음이 훨씬 가벼워졌다. 지금의 내가 할 수 있는 방식으로 모두가 함께 만들어 가는 모임을 꾸렸다. 블로그와 지역 카페에 모집 글을 올려 다섯 명이 모였다. 매주 수요일 오전 10시, 한자리에 앉아 책과 삶을 나누는 모임이 시작되었다.

삶을 치유하고 변화시키는 책 모임

오프라인 북클럽은 내 삶에 더 깊은 변화를 가져왔다. 북클럽은 안전한 공간에서 내밀한 이야기를 꺼낼 수 있는 장이었다. 함께 읽는다는 단순한 행위가 서로의 마음을 이어 주었고, 책은 언제나 대화의 문을 여는 열쇠가 되었다. 낯가림이 심해 조용히 듣기만 하던 멤버도 자신의 이야기를 꺼내기 시작했다. 우리는 그 어디에서도 할 수 없는 이야기를 털어놓으며 자주 눈물을 쏟았다. 누군가에게 내 고민이나 속마음을 말하지 않는 편인 나도 조금씩 달라졌다. 책을 사이에 두고 이야기를 나누다 보면, 어느새 내 안의 많은 이야기를 꺼내 놓고 있었다.

한 회원은 "독서 모임이 제 우울증 치료제이자 영양제예요. 여기 나오기 시작하면서 마음이 많이 편해지고 가벼워졌어요."라며 활짝 웃기도 했다. 또 다른 회원은 독서 모임을 함께하면서부터 남편과의 싸움이 확 줄었다고 했다. "제가 독서 모임 나가는 걸 남편이 제일 좋아하고 응원하고 있어요."라고 말해 모두를 웃게 했다. 책 모임은 한 사람의 삶을 치유하고 그 사람이 속한 가정의 분위기까지 바꾸는 힘을 가지고 있었다. 책을 통해 자신을 돌아보며 타인을 이해하는 마음의 폭이 넓어지고, 삶의 태도가 긍정적으로 바뀌는 과정을 우리는 함께 목격했다.

함께 읽고 나누는 시간은 혼자 읽을 땐 깨닫지 못했던 질문과 통찰도 던져주었다. "이 문장에서 말하는 '행복'이 각자에게는 어떤 의미로 다가왔나요?", "이 인물의 선택이 옳았다고 생각하나요? 나였다면 어떻게 했을 것 같나요?"와 같이 함께 읽기는 매번 '질문'을 낳았고, 책 속의 문장을 곱씹으며 서로의 질문에 답하는 과정을 통해 각자의 삶에 엉켜 있던 실타래를 조금씩 풀어나갔다. 혼자서는 해결하지 못하고 있던 부정적인 감정의 근원을 마주하고 정화하기도 했다. "저는 오랫동안 '나는 실패했다'는 생각에 갇혀 살았는데, 오늘 이 책을 읽고 모두의 이야기를 들으면서 그게 틀린 생각이었다는 걸 알았어요. 오늘 다시 시작할 용기를 얻었어요."라고 말하며 오랫동안 갇혀 있던 틀에서 벗어나 새로운 삶을 향한 첫걸음을 내딛는 멤버도 있었다.

모임을 계기로 독서 지도사 과정을 공부하며 새로운 진로를 찾은 회원도 있었고, 글쓰기를 시작해 책을 출간하고 작가로 왕성한 활동을 시작한 멤버도 나왔다. 나 또한 독서 모임을 통해 나를 찾고 성장시킨 이야기를 담은 책을 쓰게 되었다. 나의 첫 책『아이가 잠들면 서재로 숨었다』는 책 모임과 책 읽기가 한 사람의 인생에 끼친 변화를 고스란히 담고 있다.

함께 읽기의 가치, 아이에게 전할 유산

독서 모임은 멈추지 않고 계속 이어졌다. 그림책 모임, 벽돌책 모임, 고전 읽기 모임, 세계사 공부 모임, 과학책 읽기 모임 등 다양한 주제로 확장되었고, 코로나 팬데믹 이후에는 줌을 통한 온라인 모임으로 형태를 바꿔 이어 갔다. 책 모임은 나에게 지혜와 용기를 가르쳐주었을 뿐만 아니라, 누군가의 생각을 듣고 내 생각을 정리하는 경청과 표현의 힘 또한 알려주었다. 또 다름을 이해하는 법과 세상을 바라보는 따뜻하고 넓은 시야, 혼자서는 결코 갈 수 없는 길을 함께 걸을 때 느낄 수 있는 기쁨까지 선물 받았다. 그러니 책 읽기의 즐거움을 느끼지 못한 채 책과 멀어지고 있는 아이에게 내가 줄 수 있는 건, 이토록 아름다운 책 모임의 경험, 한 권의 책을 읽고 나누는 시간이었다.

'내가 그런 시간을 아이에게 전해줄 수 있다면, 그 어떤 물질보다 소중한 유산이 되지 않을까? 혹시 아이가 좋아하지 않아 금방 그만두게 되더라도, 그건 실패가 아닌 아름다운 추억으로 소중하게 남을 거야.'

이런 생각을 하니 일단 시작해 보자는 결심이 타올랐다. 할 수 있는 최선을 다해보기로 했다. 이제 어린이 독서 모임이라는 세계로 걸어 들어갈 시간. 아이의 손을 꼭 잡고, 또 다른 책의 선율 위에 올라탔다.

독서 모임 경험이 없다면

혹시 독서 모임을 해본 적이 있나요? 양육자가 직접 책을 읽고 이야기 나눠본 경험이 있다면, 어린이 북클럽 운영도 훨씬 자연스럽게 이어질 수 있습니다. 아직 독서 모임 경험이 없어 어린이 북클럽이 낯설게 느껴진다면, 먼저 성인 북클럽을 경험해 보세요. "대체 북클럽은 어디서, 어떻게 하는 걸까?" 궁금한 분들께 이런 북클럽을 추천합니다.

동네 책방 북클럽

지도 앱에서 '동네 책방', '독립 서점' 같은 키워드를 검색하면, 내가 사는 곳이나 직장 근처의 책방을 쉽게 찾을 수 있습니다. 철학, 심리, 그림책 등 특정 주제에 특화된 전문 책방도 많아요. 직접 방문하거나 전화, SNS 메신저로 "북클럽 운영하시나요?"라고 문의해 보세요. 대부분 책방은 정기적으로 독서 모임을 열고 있으며 초보자도 환영합니다. 따뜻한 분위기에서 책방지기와 함께 소규모로 책 이야기를 나눌 수 있어 첫 모임으로 가장 추천해요.

도서관·문화센터 북클럽

가까운 도서관이나 문화센터에서는 누구나 참여할 수 있는 독서 모임이 꾸준히 운영되고 있습니다. 도서관의 독서 프로그램은 대부분 무료로 진행되며, 연령대별(어린이·청소년·성인) 맞춤형 모임도 많아요. 문화센터 프로그램은 강사비와 장소 사용료로 인해 소액의 참가비가 있는 경우가 많지만, 전문 강사의 진행으로 체계적으로 운영되고, 함께 읽을 책을 미리 안내받고 신청할 수 있다는 장점도 있습니다. 홈페이지의 '독서 문화프로그램'이나 '강좌 안내' 메뉴를 통해 모집 공고를 확인하고 신청해 보세요.

온라인 북클럽(출판사, 온라인 서점 등)

요즘은 출판사나 대형 온라인 서점에서도 다양한 온라인 북클럽을 운영하고 있습니다. 앱이나 채팅방, 줌(Zoom) 등을 통해 정해진 기간 동안 같은 책을 읽고 대화하는 형식이에요. 대부분 일회성 혹은 단기 모임으로 진행되어 부담이 적고, 장소 제약 없이 참여할 수 있다는 장점이 있습니다. 무엇보다 매력적인 점은 책의 작가, 편집자, 번역가가 직접 참여하는 북클럽도 많다는 것이에요. 책을 만든 사람에게 궁금했던 점을 직접 물어보고, 창작 배경이나 번역 과정의 뒷이야기를 들으며 책을 깊이 이해하고 특별한 독서 경험을 할 수 있습니다.

SNS 기반 소규모 모임

인스타그램, 네이버 카페, 당근마켓 '같이해요' 코너 등에서도 비슷한 취향이나 같은 지역의 사람들을 만나 북클럽을 해볼 수 있어요. #북클럽모집 #독서모임 #○○(지역)북클럽 같은 해시태그로 검색해 보세요.

동료나 친구들과 직접 만드는 북클럽

북클럽을 꼭 누군가가 만들어 주기를 기다릴 필요는 없어요. 세 명이면 충분합니다! 직장 동료들과 점심시간을 활용하거나, 어린이집·학교 엄마들과 한 달에 한 번 모여 책 이야기를 나눠보세요. 책과 수다가 함께하는 편안한 모임으로 시작하면, 어느새 '우리만의 북클럽'이 됩니다.

4

학원 아닌
북클럽을 선택한 이유

"독서논술 학원에 보내는 게 낫지 않아? 일도 바쁜데 애들 모임까지 챙길 수 있겠어?"

어린이 북클럽을 해보겠다는 말에 남편이 걱정스레 말했다. 1학년의 하교 시간은 12시 20분. 아이를 학교에 보내고 뒤돌아서면 금방 하교 시간이 찾아오니 일할 시간이 턱없이 부족했다. 매일 아이를 챙기고 일하느라 허덕이는 내 사정을 뻔히 아는 남편은 지금도 힘든데 어쩌자고 일을 더 만드나 걱정스러워했다.

물론 학교에서 돌봄교실을 이용하면 하교 시간을 조금

더 늦출 수 있었지만 아이는 돌봄교실은커녕 방과후 수업도 일주일에 딱 한 번, 한 시간만 참여했다. 내가 외부 강의가 있는 날이면 오후 1시가 넘어 끝났기 때문에, 안정적으로 일을 하기 위해서는 아이가 돌봄교실이나 방과후 수업을 해야 했다. 하지만 아이는 4교시 수업조차 힘겨워했다. 돌봄교실에 보내는 것은 상상조차 할 수 없었다. 나는 아이에게 아침마다 학교에 갈 용기를 불어넣어 주기 위해 온 힘을 다해야 했다.

불안이 높은 아이에게 필요한 시간

"학원을 다닐 수 있을 정도여야 보내볼까 고민이라도 하지. 방과후 수업도 요리 교실 하나를 간신히 다니는데…."

유치원 입학 후 아이는 스트레스성 빈뇨증을 앓았다. 아침부터 저녁까지 5분이 멀다 하고 화장실을 들락거렸다. 방금 다녀온 화장실을 또 가고, 다시 가고, 또 다시 가는 일상이 한 달 넘게 반복됐다. 그 이후로도 3월은 늘 공포의 시기였다. 새로운 학년, 새로운 반에 적응할 때마다 아이는 원형 탈모가 생기거나 멍이 들 정도로 아랫입

술을 깨물어 댔다. 아이는 낯선 사람과 공간에 대한 불안이 높고 조심성이 많았고, 소리, 냄새, 촉감에도 예민했다. 교실에서 소리를 지르는 친구들의 목소리에 지쳐 집에 와서도 두통을 호소했다. 방과 후는 물론 주말에도 되도록 조용히, 집에서 시간을 보내고 싶어 했다. 그러니 이런 아이에게 학원은 언감생심. 매일 학교를 가주는 것만으로도 고마운 일이었다.

물론 교실 아닌 아늑한 공간에서 소그룹으로 진행하는 독서 교실을 고려해 볼 수도 있었다. 하지만 나는 아이가 다시 책을 좋아하게 되고, 독서의 즐거움을 누리는 시간을 갖기를 바랐다. 반면에 독서논술 학원은 주로 글쓰기 능력과 논리적 사고력, 독해력 향상 같은 교육 목표를 중심으로 정해진 커리큘럼에 따라 운영된다. 아이들은 학원에서 선정한 책을 읽고, 학습지에 글을 쓰고 발표하며 수업에 참여한다.

나는 대학 시절 대형 프랜차이즈 독서논술 학원에서 일했고, 졸업 후에는 직접 교재를 만들어 수업하는 개인 공부방을 운영한 경험도 있었다. 대형 학원이냐, 개인이 운영하는 소규모 교실이냐에 따라 수업 분위기와 운영 방식 등에 차이가 있지만, 어느 곳이든 아이들의 학습 역량 향상을 우선할 수밖에 없다. 정해진 틀 안에서 보이는 결과를 중시하는 교육 방식에서 크게 벗어나기 어렵다. 사교육의 특성상, 교육비를 지출한 양육자의 기대를 충족시켜주어야 하기 때문이다.

아이들은 이러한 학습 중심의 구조를 본능적으로 알아챈다. 자유롭게 말해도 된다고 강조해도, 교재의 빈칸을 채울 때마다 '이게 정답일까?'를 고민한다. 선생님이 원하는 답이 있을 거라 생각하고 거기에 맞는 말을 내어놓기 위해 애를 쓴다. 정답을 맞춰야 한다는 압박, 그러지 못할 것 같다는 불안감, 정답을 맞추지 못했을 때 벌어질 상황에 대한 두려움, 그래서 밀려오는 자신 없음과 주저함, 반복되는 좌절감까지. 이것은 아이가 학교에서 매일 마주하는 감정들이었다. 또래보다 느린 발달로 읽기 독립에 어려움을 겪는 아이가 책을 싫어하게 된 이유도 여기에 있었다.

그러니 북클럽이어야 했다. 정해진 틀이나 형식 없이 자유롭고 느슨한 분위기에서 정답 없는 이야기를 나누는 시간. 우리가 읽고 나눌 책을 직접 추천하고 선택하며 자기 주도적으로 참여하는 모임. 우리 아이에게 필요한 건 그런 시간 속에서 쌓이는 즐거움과 자신감이었다. 나는 아이에게 책 읽기의 기쁨을 누리며 또래 친구들과 소통하고, 함께 성장해 나가는 시간을 만들어 주고 싶었다. 그래서 독서논술 수업이 아닌 북클럽을 선택했다.

엄마와 함께하는 시간이 준 용기

"일주일에 한 번, 우리 집에 친구들을 초대해서 같이 책도 읽고 재미있는 활동을 해보면 어떨까?"

책 읽기가 싫다는데 아이에게 북클럽을 하자면 어떤 반응을 보일까 싶어 조심스럽게 물었다. 다행히 아이는 "좋아! 재밌겠다!" 반색하며 환영했다. 유치원과 학교에서는 친구들과 말을 거의 하지 않던 아이였기에, 예상 밖의 반응에 놀라 다시 물었다. "정말 괜찮겠어? 모르는 친구들을 새로 만나야 하는데, 낯선 친구들이랑 이야기하고 함께 할 수 있겠어?" 그러자 아이는 말했다.

"친구들이 우리 집에 오는 거잖아. 엄마도 같이 있고. 엄마랑 하는 거니까 괜찮아. 대신 내 방에 들어가서 노는 건 안 돼! 거실에서만 하면 좋아!"

엄마인 나조차 아이에게 익숙한 공간이 주는 정서적 안정감과 엄마와 함께한다는 심리적 지지가 이렇게 큰 힘이 될 줄은 몰랐다. 아직 1학년인 아이에게 능숙한 읽기 이전에 필요한 건 심리적 안정이었다. 아이는 첫 모임에서 함께 읽을 그림책과 활동을 정해보자는 내 말에 책꽂이 앞으로 한달음에 달려갔다. 신중하게 책등을 살펴본 끝에, 브라우니를 좋아하는 브라운 의사 선생님이 어느 날 갑자기 브라우니로 변하는 이야기를 담은 그림책 『닥터 브라우니』를 꺼내 들었다. 그리고 눈을 반짝이며 "엄마, 우리 이거 읽고 브라우니 만들기 하면 어때? 나 마트에서 파는 브라우니 만들기 해보고 싶었는데."라고 제안했다.

나는 다양한 독후활동이나 엄마표 놀이를 부지런히 챙기는 엄마가 아니었다. 평소 시간과 에너지가 부족해 빵 만들기 같은 활동은 아주 가끔, 매우 특별한 날에만 할 수 있는 놀이였다. 그렇다 보니 아이에게 북클럽은 그런 시간을 채울 수 있는 기회로 느껴졌던 것 같다. 나는 아이의 제안에 기꺼이 동의하며 아주 좋은 생각이라고 감탄했다. 브라우니 만들기는 마트에서 파는 믹스에 물만 부으면 되니 어려울 것도 없었다. 자, 그럼 이제 제일 중요한 친구들을 모을 시간이었다. 당시 나는 4년째 블로그에 거의 매일 글을 쓰며 책과 독서교육에 관한 이야기를 나누

고 있었다. 내 블로그는 나를 오래 지켜봐 준 이웃들에게
내 생각을 전하기 가장 편한 공간이었다. 블로그에 모집
글을 썼다.

"우리도 이제 초등학생! 어린이 북클럽, 함께 해요 :-)"
초1 하윤이와 엄마 김슬기가 함께하는 어린이 북클럽에 참여
할 친구를 모집합니다.

1. 모임 횟수와 시간, 장소

모임은 주 1회, 평일 오후 3시경 진행될 예정이며 정확한 요일
은 참여하는 분들과 협의해 정합니다. 장소는 노원역 근처 저
희 집 거실이에요. 근처 카페나 동주민센터 유휴공간 등도 많
이 알아봤는데, 아이들이 자유롭고 편안하게 활동하기에는 역
시 집만 한 곳이 없네요. 저희 집은 거실에 흔한 소파 하나 없
는 운동장 같아서, 저희 집 거실을 북클럽 장소로 오픈합니다.

2. 모임 진행 방식과 목표

• 이 모임은 교사/부모 주도형 수업이 아닙니다.

어린이 북클럽은 돈을 받고 진행하는 독서논술 수업이 아니라,

자발적이고 자율적인 독서 모임입니다. 아이들이 어느 정도 적

응하고 서로 친해지면, 스스로 책을 고르고 이야기 나누는 방식을 목표로 합니다.

• 책 읽기는 즐거움을 중심으로!

모임 초기에는 책을 나누는 게 얼마나 즐겁고 신나는 일인지를 경험할 수 있도록 다양한 놀이와 활동 중심으로 진행할 예정이에요. 우리끼리 왁자지껄 책 이야기를 나누며 내 마음을 들여다보고 표현하는 법, 상대의 이야기를 경청하는 법, 다양한 의견과 생각을 존중하는 법을 자연스럽게 익혀 나가게 될 거예요.

물론 상황에 따라 말하기와 글쓰기에 대한 코칭을 제공하지만, 글쓰기 실력 향상이나 좋은 성적, 수상을 목표로 하지는 않습니다. 책을 통해 즐거움과 기쁨을 누리고, 그 에너지를 바탕으로 건강하게 성장하는데 집중하고 싶어요.

덧붙여 이 모임은 제가 일방적으로 준비하고 운영하는 방식이 아니라 함께하는 엄마들이 머리를 맞대고 만들어가는 모임으로, 각자의 자리에서 할 수 있는 역할을 나누며 함께 꾸려나가면 좋겠습니다.

3. 모집 인원과 신청 방법

모임 인원은 총 4명으로 하윤이를 제외한 3명의 친구를 모집하려고 해요. 이왕이면 가까운 거리에서, 가능한 한 꾸준히 장기적으로 함께할 수 있는 친구를 기다립니다. 어린이 북클럽을 함께 해보고 싶은 분들은 아이의 나이와 성별 등 간단한 소개와 함께 이 글에 신청 댓글을 남겨주세요!

10분, 20분, 30분, 50분… 평소 같으면 벌써 서너 개쯤 댓글이 달렸을 시간이 지났음에도 블로그는 조용했다. 58분이 지나서야 첫 번째 댓글이 달렸다. 같은 지역이 아니라 함께할 수는 없지만, 의미 있는 시도에 응원을 보내고 싶다는 이웃님의 따뜻한 메시지였다.

"천 리 길 마다 않고 가고 싶네요."

"우와, 어린이 북클럽이라니요! 너무 궁금하고 기대됩니다!"

"우리 아이에게 꼭 해주고 싶은 모임이에요."

응원의 댓글은 이어졌지만, 함께할 친구는 나타나지 않았다. '역시 오프라인 모임은 지역 카페에 올리는 게 나을까?' 성인 독서 모임을 시작할 때처럼 지역 커뮤니티에도 글을 올려볼까 고민하던 나흘째. 마침내 같은 지역에 살고 있는 엄마의 댓글이 달렸다.

"안녕하세요. 저 그림책 모임을 함께하고 있는 홍수화

예요. 모임을 시작하면 오래오래 이어지기를 바라는 마음에 신중히 고민하느라 시간이 조금 걸렸어요. 아직은 마냥 어린 우리 아이들과 어떤 방식으로 모임을 꾸려갈 수 있을지 상상이 잘 되지는 않지만, 뜻이 맞는 엄마들과 함께 머리를 맞대고 적극적으로 참여해 보고 싶습니다."

우리 아이는 어떤 유형일까?

1. 기질 체크 먼저!

아이의 기질과 성향에 따라 독서 경험의 형태도 달라질 수 있어요. 아래 체크리스트를 살펴보며 우리 아이는 어느 쪽에 더 가까운지 표시해 보세요. 모든 아이가 독서논술 학원이 맞지 않는 건 아니에요. 중요한 건 '우리 아이에게 편안한 독서 환경'을 찾아주는 거랍니다.

독서논술 학원이 어울리는 아이	북클럽이 어울리는 아이
☐ 경쟁을 통해 동기부여를 받는 아이	☐ 새로운 환경에 적응하는 데 시간이 필요한 아이
☐ 글쓰기나 발표로 성취감을 느끼는 아이	☐ 자기 생각은 많지만 말이나 글로 표현하는 게 어려운 아이
☐ 교사의 피드백을 통해 배우는 걸 좋아하는 아이	☐ 속도는 느리지만 깊이 있게 사고하는 아이
☐ 정해진 커리큘럼 안에서 배우는 게 편한 아이	☐ 경쟁보다 협동을 좋아하고 친구와 이야기 나누는 걸 즐기는 아이
☐ 평가나 결과가 학습 의욕을 높이는 아이	☐ 만들기나 그림, 글쓰기 등 다양한 표현 활동을 좋아하는 아이
☐ 목표가 분명할수록 집중력이 높아지는 아이	☐ 틀에 박힌 학습보다 자율적이고 의미 있는 활동을 선호하는 아이
☐ 말보다는 글로 자신의 생각을 표현하는 게 더 편한 아이	☐ 책을 싫어하진 않지만 점점 '책 읽기'가 재미없다고 느끼는 아이

2. 논술학원이냐, 북클럽이냐

체크리스트를 했다면 아이가 어떤 유형인지 짐작하실 수 있어요. 저의 경험을 통해 보면 대략 논술학원이 맞는 아이와 북클럽이 맞는 아이는 이렇게 나뉘어요.

독서논술 학원이 잘 맞는 아이

독서논술 학원은 목표가 뚜렷하고 체계적인 학습 환경을 좋아하는 아이에게 적합해요. 교사의 지도를 받으며 단계적으로 글쓰기 실력을 쌓고, 논리적으로 생각을 정리하거나 발표하는 과정에서 성취감과 안정감을 느낍니다. 명확한 과제와 평가를 통해 결과를 확인하는 것을 좋아한다면, 논술 학원은 아이의 자신감을 키워주는 좋은 선택이 될 수 있어요.

북클럽이 잘 맞는 아이

북클럽은 정답보다 '사고의 과정'과 '느낌의 공유'를 중시해요. 결과보다는 생각하는 즐거움, 표현하는 기쁨을 배우는 자리입니다. 스스로 생각할 시간이 필요하고, 관계 속에서 공감하며 배우는 걸 선호하는 아이에게 북클럽은 가장 자연스러운 배움의 공간이 됩니다.

북클럽의 매력과 성장 포인트

친구들과 함께하는 책 모임은 심리적인 안정감을 주고, 평가나 비교의 부담 없이 생각을 나누는 과정에서 자연스럽게 표현력이 자라나요. 서로의 생각을 듣고 이야기하며, 책 속 이야기를 자신의 경험과 연결해 보는 경험은 아이의 시야를 넓히고 세상을 바라보는 눈을 깊게 만들어줍니다. 또한 북클럽에서는 만들기, 그림, 글쓰기 등 다양한 활동을 통해 책에서 느낀 감정을 자기만의 방식으로 표현할 수 있어요. 무엇을 읽고 어떻게 나눌지를 스스로 선택하는 경험은 아이에게 주도성과 책임감을 길러줍니다. 그렇게 함께 읽고 이야기 나누는 경험이 쌓이면, 아이들은 책이 단순한 공부의 도구가 아니라 마음을 나누고 생각을 키우는 즐거운 통로임을 깨닫게 됩니다.

5

아이 둘, 엄마 둘의
오붓한 시작

블로그에 올린 어린이 북클럽 모집 글의 조회수가 1340을 기록했다. 평소 200~300 정도였던 조회수와 비교하면 폭발적인 반응이었다. 50개가 넘는 댓글이 꾸준히 달렸고, 그중 총 4명의 엄마가 참여를 신청했다. 하지만 문제는 거리였다. 4명의 신청자 중 같은 지역에 살고 있는 사람은 단 한 명뿐. 나머지 친구들은 편도 1시간에서 1시간 30분 거리에 살고 있었다. 아이들에게 의미 있는 시간을 만들어 주고 싶은 마음은 간절했지만, 매주 반복되는 일정에 대한 부담을 고려하지 않을 수 없었다. 나는 먼 거리에 사는 엄마들에게 다시 한번 천천히 생각해 보길 부탁드리며 부담 없이 취소해도 괜찮다는 마음을 전했다. 엄마들은 신중한 고민 끝에 참여를 포기했고, 결국 같은 지역에 사는 엄마 한 분과 예비 모임을 갖게 되었다. 그분은 매주 월요일 오전에 만나 그림책을 나누는, 동네 그림책 모임의 멤버였다.

우리 둘부터 시작해 볼까요?

"아이 둘이 동갑인 건 알고 있었지만 이렇게 인연이 될 줄은 몰랐어요. 다른 친구들은 다 거리가 멀어서 당장 함께할 수 있는 건 우리 애들 둘뿐인데, 어떡하죠? 둘이라도 일단 시작해 보고, 나중에 친구들을 추가로 모집해 볼까요? 우리가 먼저 방향을 잡아봐도 좋을 것 같은데, 수화님은 어떠세요?"

인원이 모집될 때까지 기다리기보다 '아이 둘, 엄마 둘'의 조합으로 시작해 보는 것을 제안했다. 아이들 책 모임은 처음이다 보니, 소수의 인원으로 시도해 보는 것도 좋은 준비라고 생각했다. 나 역시 낯가림이 있는 성격이라 모르는 엄마들과 긴장하며 시작하는 것보다는 그림책 모임을 함께하며 인연이 있는 엄마와 안정적으로 시작하는 것이 훨씬 편하게 느껴졌다. 다행히 수화님도 흔쾌히 동의했고, 그렇게 우리는 어린이 북클럽의 첫걸음을 내디뎠다.

역사적인 첫 번째 시간, 어린이 북클럽의 시작은 아이와 함께 진즉부터 정해놓았던 그림책『닥터 브라우니』를 읽고, 브라우니를 만들기로 했다. 아이는 아침부터 흥분을 감추지 못했다. 오매불망 오후 3시, 친구가 오는 시간만 기다렸다. 모임 1시간 전부터 주방 구석구석을 뒤지며 준비물을 챙기고, "친구가 오니까 청소를 해야지?" 말하며 혼자서 집안을 정리했다.

엄마 둘은 아는 사이였지만 아이 둘은 첫 만남이었다. 모두가 떨리는 마음으로 식탁에 둘러앉아 돌아가며 간단한 자기소개를 했다. 아이는 들릴 듯 말 듯한 목소리로 자기 이름을 이야기했고, 나는 아이 이름을 한 번 더 크게 전해준 뒤 아이가 고른 그림책을 소개했다.

"이게 하윤이가 고른 그림책이야. 이걸 읽고 브라우니 만들기를 해보고 싶다고 해서 재료도 준비해 뒀어. 처음이라 우리 좀 어색하니까, 일단 그림책부터 읽어볼까?"

달콤한 그림책, 어색함을 녹이다

　김지운 작가의『닥터 브라우니』는 커다란 몸집에 복슬복슬한 갈색 곰, 브라운 선생님이 주인공으로 등장한다. 아이들은 선생님만 보면 울음을 터뜨리고, 속상한 선생님은 "기분이 꿀꿀하니 오늘 저녁에도 브라우니를 먹어야겠군." 하고 말하며 브라우니를 먹는다. 브라우니는 브라운 선생님이 세상에서 가장 좋아하는 음식이다.

　"브라운 선생님은 기분이 꿀꿀할 때 브라우니를 먹잖아. 너희도 기분이 꿀꿀할 때가 있어? 그럴 때는 어떤 걸 먹고 싶어?"

　좋아하는 음식에 관한 이야기는 어색한 사이에서도 부담 없이 맛있게 할 수 있는 법. 아이들에게 질문을 던지자 의외의 대답이 돌아왔다.

　"기분이 꿀꿀한 게 뭔데요?"

　"아, 그 말을 처음 들어봤구나? 어떤 기분일 것 같아? 좋은 기분? 나쁜 기분?"

　"안 좋은 기분 같아요."

　"맞아. 마음이 우울하거나 속상할 때를 말해. 난 그럴 때 빵을 먹는데, 너희는 어때?"

"저는 달콤한 거! 아이스크림이요!"

"저도 달콤한 게 좋은데, 초코빵이 더 좋아요. 브라운 선생님처럼 브라우니도 좋아해요!"

좋아하는 음식을 이야기하는 아이들의 목소리가 점점 커졌다. 브라우니를 너무 많이 먹은 브라운 선생님이 브라우니로 변해버린 장면에서는 "귀여워요!" 외치며 감탄했고, 자신을 보고도 울지 않는 어린이 환자들에게 감격한 브라운 선생님이 자신의 몸을 뚝 떼어 브라우니를 나눠주는 장면에서는 "으악! 무서워요!" 비명을 질렀다. 아이들은 자신이라면 절대 내 몸을 떼어주지 않을 거라고 단언했다. 한 권의 그림책이 지닌 힘은 과연 강력했다. 귀여운 그림과 따뜻한 이야기는 어색하고 서먹했던 분위기를 부드럽게 풀어주었고, 아이들 사이에서 대화를 자연스럽게 이끌어냈다.

우리는 브라운 선생님 집에 모여 브라우니 파티를 여는 그림책 속 친구들처럼 브라우니를 만들었다. 컵케이크 틀에 반죽을 넣어 머핀 모양의 브라우니를 만들고, 브라우니가 구워지는 동안에는 친구가 가져온 그림책『수박이 짠!』을 함께 읽었다. 두 번째 그림책을 읽고, 다 구워진 브라우니에 초코펜과 스프링클로 장식을 하니 어느새

1시간 20분이 흘러 있었다. 달콤한 브라우니를 하나씩 나눠 먹고, 각자 만든 브라우니를 챙겨 헤어질 시간. 아이는 친구를 배웅하고 현관문이 닫히자마자 소리쳤다.

"다음 주가 얼른 됐으면 좋겠다!"

아이와 함께 돌아온 거실과 주방에는 달콤한 냄새가 가득했다. 꿀꿀한 기분을 달래주는 브라우니처럼, 우리의 첫 모임은 그렇게 시작됐다. 초콜릿 케이크처럼 특별한 시간을 고대하며, 우리는 다음 모임을 손꼽아 기다렸다.

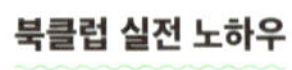

처음 시작하는 북클럽, 이렇게 해보세요!

어렵게 느껴지는 첫 시작, 너무 고민하지 마세요. 부담 없이, 작고 편안하게 시작해도 충분합니다. 아래 팁들을 참고하여 즐겁게 북클럽을 시작해 보세요.

1. 한 명의 동료부터 찾아봐요

모임은 꼭 여러 명이 아니어도 괜찮아요. 믿고 함께할 수 있는 단 한 명의 양육자 친구와 먼저 시작해 보세요. 서로 아이의 성향이나 관심사를 잘 알고 있으면 대화가 훨씬 깊어지고, 아이들도 안정감을 느껴요. 단둘이서도 충분히 의미 있고 즐거운 시간을 만들 수 있습니다.

2. 아이가 좋아하는 책 한 권으로 시작해요

거창한 독서 목록이나 복잡한 커리큘럼에 얽매일 필요는 없습니다. 아이가 요즘 좋아하는 그림책 한 권이면 충분해요. 아이가 흥미를 느끼는 책이어야 자발적인 참여를 유도할 수 있습니다. 책을 읽은 후, 그 내용과 관련된 간단한 만들기나 역할 놀이, 또는 아이와 나누는 편안한 대화로 북클럽의 첫 페이지를 열어보세요. 독서의 즐거움을 경험하게 하는 것이 가장 중요합니다.

3. 시간과 장소는 편하게 정해요

아이들의 생활 패턴과 양육자의 일정에 맞춰 무리 없이 모일 수 있는 요일과 시간을 정해보세요. 장소는 집, 동네 도서관, 놀이터 옆 쉼터, 주민센터 작은 강의실 등 아이에게 익숙하고 안정감을 주는 공간이면 좋습니다. 익숙한 공간은 아이들의 긴장감을 낮추고 활동에 더 집중하게 도와줍니다.

4. 첫 만남은 '작고 가볍게'

첫 만남에서는 어색함을 줄이는 게 중요합니다. 완벽한 진행이나 결과를 목표로 하기보다 서로를 알아가는 시간으로 생각해 보세요. 간단한 자기소개와 그림책 읽기, 책 내용과 관련된 짧은 놀이 한 가지 정도면 충분합니다. 무엇보다 중요한 건, 아이와 양육자 모두가 '오늘 정말 즐거웠다', '다음에 또 오고 싶다'는 긍정적인 기억을 갖게 하는 거예요.

5. 기록하면 다음 모임이 쉬워져요

　모임이 끝난 뒤 짧게라도 기록을 남겨보세요. 기록은 다음 모임의 아이디어가 되고, 아이의 성장 기록이 되기도 합니다. 아래 예시처럼 글로 자세히 정리하는 것이 어렵다면, 모임 사진 한 장을 남기거나 휴대폰 메모장에 한 줄만 적어두어도 충분합니다. 내가 부담 없이 지속할 수 있는 편한 방법을 찾아보세요.

기록 예시

- **모임 날짜** : 2025년 10월 22일

- **읽은 책** : 『닥터 브라우니』 김지운, 주니어김영사

- **활동** : 기분이 꿀꿀할 때 먹는 음식에 대해 이야기 나누기, 브라우니 만들기

- **아이 반응** : 그림책을 읽을 때 집중도가 높았고, 활동에도 재밌게 참여함. 다음 주가 얼른 됐으면 좋겠다고 함.(긍정적!)

- **다음 모임 반영** : 아무리 간단해도 요리 활동을 하니 1시간이 훌쩍 넘어감. 가급적 1시간을 넘지 않게 하면 좋을 듯. 브라우니가 구워지는 동안 다른 책을 읽은 건 좋았음.

"내가 읽어줄게!"
첫 번째 낭독의 날

엄마 둘, 아이 둘이 함께하는 어린이 북클럽은 매주 두 권의 책으로 채워졌다. 우리는 모임마다 각자 한 권씩 가져온 그림책을 읽고 이야기를 나눴다. 책은 아이들이 스스로 고르는 것을 원칙으로 했고, 낭독 역시 엄마가 아닌 아이들이 직접 읽는 방식으로 진행했다.

두 번째 모임에서 아이는 함께 읽고 싶은 책으로 당시 푹 빠져 있던 지식 그림책『설탕을 조심해』를 선택했다. 이 책은 설탕의 달콤함과 무시무시함을 동시에 보여주는 논픽션 그림책으로, 정보량이 많고 글밥도 제법 있는 책이었다. 한글을 완전히 익히지 못해 읽기 독립에 어려움을 겪고 있던 아이가 이 책을 읽겠다고 하니 나는 걱정이 앞섰다. "이렇게 글이 많은 책을 읽을 수 있겠어?" 그러자 아이가 말했다. "엄마가 도와주면 할 수 있어! 큰 글씨는 내가 다 읽을게. 여기 이렇게 작은 글씨들만 엄마가 읽어줘."

내가 고른 책을 내가 읽는 시간의 선물

아이는 매일 저녁 20분씩 읽기 연습을 시작했다. 자신이 읽을 부분과 엄마가 읽어줬으면 하는 부분을 나눠 알려주며 연습을 주도했다. 더 쉬운 책도 많은데 왜 굳이 이렇게 길고 어려운 책을 고른 걸까 궁금해 물었다. 그러자 아이는 당연한 걸 왜 묻느냐는 표정으로 대답했다. "이게 재미있으니까!"

아, 재미. 아이에게 재미는 이렇게나 중요한 것이었구나. 어른이라면 아마 재미보다는 효율을, 좋아하는 것보다는 잘할 수 있는 것을 선택했을 텐데. 아이들에게 책을 고르는 기준은 첫째도 둘째도 '재미'였다. 내가 제일 재미있게 읽은 책을 친구에게 읽어주는 시간은 부담스럽거나 긴장되는 순간이 아니라 기다려지는 순간이었다. 시키지 않아도 열심히 연습하고 싶은 시간이었다.

그리고 찾아온 첫 번째 낭독 시간. 아이는 많이 더듬고 멈춰 서기도 했지만, 끝까지 최선을 다해 책을 읽어냈다. 낭독을 마친 아이의 얼굴에는 뿌듯함이 가득했고, 다음에는 더 잘하고 싶다며 낭독에 대한 의욕을 키웠다. 자기가 고른 책을 직접 읽는 방식의 장점은 탁월했다. 아이는 스스로 선택한 책에 주인의식을 가지며 자발적으로 연습했고, 다른 사람 앞에서 자신의 목소리로 이야기를 전하며 발표력과 자신감을 길러갔다.

북클럽은 일주일에 한 번, 한 시간 남짓 함께할 뿐이지만 다음 모임을 위해 책을 고르고 낭독을 연습하는 과정이 일주일 내내 이어졌다. 자연스럽게 집에서 책을 읽고, 책에 대해 이야기하는 시간이 길어졌다. 매번 읽어본 적 없는 책을 가지고 오는 친구 덕분에 평소 접하지 않았던 주제와 스타일, 그림체의 책도 다양하게 만날 수 있었다. 친구의 낭독을 들으며 집중해서 듣는 태도, 경청의 습관도 길러갔다. 책을 읽고 난 뒤에는 가장 기억에 남는 장면이나 페이지를 나누며 때로는 나와 같기도, 때로는 나와 다르기도 한 서로의 생각에 공감하고 소통했다.

'나 한 번, 너 한 번' 활동의 놀라운 힘

활동은 두 권의 그림책 중 한 권을 중심으로 돌아가며 준비했다. 활동 주제는 아이들의 의견을 최대한 반영했고, 준비와 진행은 두 엄마가 번갈아 맡았다. 무엇보다 '부담 없이'가 중요한 원칙이었다. 준비가 어려운 상황이 생기면 언제든 담당을 바꿔 진행하자는 약속도 했다. 아이들만큼이나 엄마들에게도 편안하고 즐거운 시간이 되길 바랐다.

두 번째 모임에서는 친구가 가져온 노인경 작가의 『곰씨의 의자』를 읽고 '말하고 싶었지만 말하지 못했던 이야기'를 표현해 보는 활동을 했다. 이번 활동을 준비한 수화 님은 말풍선 모양으로 자른 도화지를 꺼내며 말했다. "곰씨가 토끼들에게 마음을 말하지 못하다가 용기 내어 고백한 것처럼, 우리도 말하지 못한 속마음을 여기 말풍선에 적어보자. 꼭 글이 아니어도 좋아. 그림이나 기호로 표현해도 돼."

우리는 마음에 드는 말풍선을 골라 마음을 담기 시작했다. 아이는 말풍선 안에 유니콘을 그린 뒤 유니콘 입에 조그만 말풍선을 달아 "아빠 유니콘 인형 사주세요."라고 적었다. 사실 북클럽을 하기 전 주말에 아이는 아빠와 청계천에 놀러갔다가 유니콘 인형 열쇠고리를 봤다고 했다. 한데 아빠가 안 사줄까 봐 말도 꺼내지 못 했다는 사연이었다. 보통의 어린이라면 마트에서 과자나 장난감을 사달라고 고집을 부리는데 하윤이는 떼를 쓰기는커녕 하염없이 바라만 보는 아이였다. 그런 모습을 본 내가 "하윤아, 이거 먹고 싶어? 하나 사줄까?" 물어도 "그냥 보기만 하는 거예요."라고 답했다. 거절당하거나 혼날 가능성이 있어 보이는 말은 결코 꺼내지 않는 아이였다. 그런 아이가 처음으로 꺼낸 속마음에 나는 울컥했다.

아이의 손은 계속해서 움직였다. 유니콘 옆에는 아빠가 공을 뺏는 장면을 그리고 크게 엑스(X)를 쳤다. 그 옆엔 적당한 거리를 둔 아빠와 자신을 그리고 커다란 동그라미를 그려 넣었다. 그리고 글을 썼다. "내쪽개왔슬때 내가." 그건 '공이 내 쪽에 왔을 때 내가 차고 싶다'는 뜻이었다. 맞춤법과 띄어쓰기가 엉망인 한글이었지만, 아이는 아빠와 공놀이를 할 때마다 속상했던 마음과 바람을 분명히 표현했다.

고작 두 번의 모임이 만든 변화

그날 밤, 아이는『곰씨의 의자』에 나온 의자와 똑같은 의자를 그리고 "오늘은 이런 책을 봤어요. 아빠 밤에 이거 보세요."를 적어 완성한 말풍선을 아빠에게 전했다. 아이의 마음을 받은 남편 역시 울컥하며 말했다. "하윤아, 이번 주말에 유니콘 인형 사러 청계천에 가자! 그리고 앞으로는 하윤이 쪽으로 간 공 절대 안 뺏을게!"

북클럽을 시작하기 전 나는 고민했다. 이제 겨우 1학년인 아이들과 북클럽이 가능할까? 한글도 제대로 쓰지 못하는 아이가 활동을 잘 따라올 수 있을까? 그런 걱정은 고작 두 번의 모임만에 사라졌다. 겨우 두 번뿐이지만, 이것만으로도 잊지 못할 추억을 선물 받았다. 앞으로 쌓일 시간들이 더 기대되는, 그런 모임이 매주 펼쳐졌다.

어린이가 북클럽에 즐겁게 참여하는 법

아이의 북클럽 참여를 높이는 가장 좋은 방법은 바로 '함께 하는 것'이에요. 양육자가 먼저 모범을 보이며 몰입할 때, 아이는 북클럽을 즐거운 놀이터로 받아들입니다.

1. 아이에게만 묻지 말고, 먼저 이야기해 보세요.

책을 읽고 난 후 "어떤 부분이 재미있었어?"라고 곧바로 묻기보다, 양육자가 인상 깊었던 장면이나 느낀 점을 먼저 들려주세요.

"엄마는 이 책에서 주인공이 인형을 잃어버렸을 때 울음을 참는 장면이 가장 인상적이었어. 엄마도 어릴 때 아끼던 물건을 친척 동생이 가져가 버려서 펑펑 울면서 화를 냈던 적이 있거든."

이렇게 양육자가 자신의 감정이나 경험을 먼저 나누면, 아이는 양육자의 표현을 통해 자신의 감정과 생각을 말로 표현하는 방법을 자연스럽게 배울 수 있고, 자신의 생각을 정리할 시간을 갖게 됩니다. 질문보다 공감의 대화로 시작할 때 아이의 반응이 훨씬 풍부해져요.

2. 활동은 아이에게만 시키지 말고 함께해 보세요.

북클럽 활동을 진행할 때, "자, 해봐"라고 말하기보다 함께 참여해 보세요.

"엄마도 친구가 약속을 자꾸 어겨서 속상했던 적이 있는데, 그 마음을 솔직하게 말하지 못했거든. 그때의 마음을 여기 말풍선 안에 써야겠다! 먼저 나랑 친구가 곰씨의 의자에 앉아 있는 그림부터 그려 봐야지. 거기 있는 색연필 좀 줄래?"

이렇게 양육자가 옆에서 함께 재료를 활용하며 활동에 몰입하는 모습을 보여주면, 아이도 활동을 '숙제'가 아닌 '놀이'로 받아들이고 더 깊이 참여하며 즐거움을 느낍니다.

3. 발표 시간에도 "너만 해봐" 대신 "우리 같이 해보자!"

모임에서 자신의 결과물을 공유하거나 발표하는 시간은 아이들이 긴장하기 쉬운 순간이에요. 아이에게 먼저 발표를 시키기보다, 양육자가 자신이 만든 작품을 들고 먼저 발표해 보세요.

"저는 제가 갖고 싶은 마법의 물건으로 '날개 달린 운동화'를 그렸어요. 색깔은 화사하게 제가 좋아하는 빨간색으로 칠

했고요. 이걸 신으면 아무리 먼 곳도 순식간에 갈 수 있어요. 제가 멀미가 심해서 차 타는 걸 힘들어하는데, 이 운동화가 있으면 언제든 가고 싶은 곳을 맘껏 갈 수 있어 너무 행복할 것 같아요."

이렇게 양육자가 먼저 발표하는 모습을 보면, 아이도 발표를 '평가받는 시간'이 아니라 '생각을 나누는 시간'으로 느끼게 됩니다. 양육자의 참여는 아이의 긴장을 풀어주고, 자신의 이야기를 전하고 싶은 용기와 자신감을 길러줍니다.

함께 읽고, 함께 나누고, 함께 발표하기!

가르치는 사람보다 함께하는 사람이 될 때, 아이에게 더 따뜻하고 즐거운 배움터를 선물할 수 있어요

1학년도 북클럽이 되나요?
네, 됩니다!

아이들은 아직 글씨를 반듯하게 쓰지 못하고, 자기 생각을 문장으로 표현하는 것도 어려워했다. 하지만 글을 쓰지 않아도 책으로 할 수 있는 활동은 많았다. 초등학교 입학과 함께 잠자리 독립을 한 아이가 푹 빠져 있던 피터 브라운의 『오싹오싹 팬티』를 읽은 날에는, 집에 있는 도화지를 팬티 모양으로 오려 나만의 '오싹오싹 팬티' 만들기를 했다.

아이들은 색연필과 사인펜, 크레파스를 이용해 그림을 그리고 좋아하는 색종이 무늬를 오려 붙였다. 그렇게 꾸민 두 장의 종이 팬티를 스카치테이프로 연결해 실제로 입을 수 있는 모양을 만든 뒤에는, 직접 다리를 넣어 보며 "내가 입기엔 너무 작다"고 아쉬워했다. 아이들은 자기가 가장 좋아하는 인형에게 팬티를 입혀주자고 약속했고, 그날 이후로 오랫동안 아이의 침대 위에는 오싹오싹 팬티를 입은 인형이 자리를 지켰다.

책 읽기부터 활동까지, 함께 만드는 시간

일주일은 매번 순식간에 지나갔다. '나 한 번, 너 한 번' 돌아가며 함께하는 활동 준비에 고마움을 느끼며, 친구가 아니었다면 해보지 못했을 경험들도 하나씩 쌓여갔다. 북클럽 친구 린이는 『은사다리 금사다리』, 『반쪽이』 같은 옛이야기 그림책을 자주 읽어줬고, 책에 등장하는 동물이나 꽃 접기 활동을 통해 종이접기의 즐거움을 전해줬다. 린이는 종이접기에 관심이 많아 다양한 책을 보며 수준급의 작품을 척척 만들어냈다. 하윤이는 친구와 달리 비행기 한 번 접어본 적이 없었다. 하윤이와 나에게 꽃이나 곤충 접기는 마법처럼 신기하고 새로운 예술 세계였다.

북클럽 활동은 색종이 한 장, 포스트잇 하나만으로도 충분했다. 요시타케 신스케의 『이게 정말 나일까?』를 읽은 날에는 내가 좋아하는 것과 싫어하는 것을 포스트잇에 그림으로 표현한 뒤 서로 정답을 맞히는 게임을 했다. 나는 좋아하는 것에 '빵'을, 싫어하는 것에 '애벌레'를 그려 "왜 귀여운 애벌레를 싫어해요?"라는 질문을 받았고, 아이는 좋아하는 것에 '고양이'를, 싫어하는 것에 '급식 식판'을 그려 급식에 대한 이야기보따리를 풀어냈다. 그림을 보고 답을 맞히는 것도, 서로의 취향을 나누는 것도 재밌었던 우리는 "한 번 더! 한 번만 더!"를 외치며 포스트잇이 쌓일 때까지 게임을 계속했다.

종이 한 장이면 할 수 있는 활동 사이, 가끔은 특별한 시간도 이어졌다. 살아가면서 알아야 할 가치와 개념들을 쿠키를 구워 먹는 과정을 통해 알려주는 그림책 『쿠키 한 입의 인생 수업』을 함께 읽은 날에는 쿠키 만들기 활동을 했다. 우리는 포스트잇에 책에 나온 가치를 각각 적어 늘어놓은 뒤, 내가 잘하는 것과 부족한 것, 앞으로 갖고 싶은 것을 골라 이야기했다. 그리고 그중 가장 마음에 드는 가치를 쿠키로 표현해 보는 시간을 가졌다.

아이들은 "이상한 모양의 쿠키도 만들어도 돼요?" 문

더니 "이렇게 생긴 쿠키를 먹는 게 바로 열린 마음이죠."라며 그림책 속 문장을 읊조렸다. 쿠키가 다 구워진 뒤에는 엄마들 입에 하나씩 먼저 넣으며 "이게 어른을 공경한다는 거예요."라고 말하고, 쿠키를 반으로 잘라 입에 넣은 뒤 남은 반쪽을 들고 "와! 쿠키가 아직 반쪽이나 남았네! 나 엄청 긍정적이죠?" 하며 웃음을 터뜨렸다. 만약 아이와 단둘이 책을 읽고 덮었다면, 아이들은 지금처럼 책 속의 표현을 다시 한번 일상에서 쓰지 않았을 것이다. 북클럽은 혼자라면 구태여 하지 않았을 활동을 꾸준히 하게 해주었다. 북클럽에서 했던 다양한 활동은 아이들이 책을 읽고 끝내는 게 아니라 몸으로 경험하도록 이끌었다. 이렇게 책이 체화되는 경험이 누적적으로 쌓이며 변화의 씨앗이 만들어졌다.

일상으로 스며드는 책의 온기

책에서 받은 감동이나 영감을 활동으로 옮기는 경험은 쉽게 사라지지 않고 일상으로 스며들었다. 이덕화 작가의 『궁디팡팡』을 읽고 한 활동은 오래도록 우리 집의 보물이 되기도 했다. 그림책 속 주인공 '궁디팡팡 손'은 숲

속 마을 친구들이 속상한 일을 겪을 때마다 나타나 위로를 해주는 존재이다. 이 특별한 손은 친구들의 고민을 가만히 들어준 뒤 따뜻한 말과 함께 토닥토닥 엉덩이를 다독여준다. 하지만 어느 날 궁디팡팡 손이 사라지는 비극이 발생하고, 숲속 친구들은 서로의 고민을 들어주며 자기 손으로 '궁디팡팡' 위로를 건네기 시작한다.

나는 책을 읽고 "우리도 이렇게 따뜻한 궁디팡팡 손을 만들어 보면 어때?"라고 제안했다. 우리는 도화지에 손을 대고 그려 오린 뒤 알록달록 꾸미고, 나무젓가락을 붙여 나만의 궁디팡팡 손을 만들었다. 완성된 궁디팡팡 손은 알차게 활용됐다. 도서관 강의가 있는 날이면 아이는 긴장한 엄마의 엉덩이를 궁디팡팡 손으로 토닥이며 "궁디팡팡~ 내가 응원해 줄게. 엄마! 저번에도 긴장했지만 잘하고 왔잖아? 오늘도 잘할 거야. 궁디팡팡~"이라며 주문을 외웠고, 나 역시 아이가 학교에 가는 날마다 같은 응원을 전해주었다. 우리가 함께 만든 궁디팡팡 손은 우리의 일상에서 서로를 다독이는 따뜻한 힘이 되었다.

북클럽에서 함께할 활동을 준비하는 2주는 언제나 빠르게 돌아왔지만, 아이들의 아이디어는 무궁무진했다. 어느 날 아이는 피터 레이놀즈의 『점』을 읽고 주인공처럼 커다란 종이에 물감으로 그림을 그리고 싶다고 말했다. 평소 물감은 준비와 정리가 번거로워 잘 꺼내지 않던 재료였지만, 아이의 의견을 존중해 전지 2장과 물감을 준비해 주었다. 아이들은 거실 바닥에 넓게 펼친 종이 위에 자유롭게 물감을 뿌리고 그렸다. 색칠 놀이를 하다 선 하나만 벗어나도 짜증을 내던 아이에게 아무리 말해도 닿지 않던 말, "하고 싶은 대로 마음껏 표현하면 되는 거야."가 비로소 아이의 마음에 가닿았다.

참여를 넘어 스스로 주도하는 북클럽

아이들은 자신이 제안한 활동을 함께하며 더 능동적인 자세로 책을 읽었다. 단지 책을 읽는 데에 그치지 않고 "이 책으로는 어떤 활동을 해볼까?"를 자연스럽게 고민했다. 아이들은 북클럽의 참여자가 아닌 주도자로 함께하며 다양한 아이디어를 제공했다. 덕분에 엄마들은 '이번에는 어떤 책을 골라야 하지? 무슨 활동을 해야 할까?' 하는 고민과 부담을 덜 수 있었다.

처음 북클럽을 시작할 때 초등학교 1학년 아이들이 과연 책을 함께 읽고 이야기를 나눌 수 있을까 걱정했지만,

그건 기우에 불과했다. 어른들의 틀에 갇히지 않은 아이의 상상력은 매번 새로운 활동을 탄생시켰고, 아이들은 어른들이 미처 상상하지 못한 무궁무진한 표현력과 잠재력을 보여주었다. '어리다'는 이유로 미리 한계를 정해버리지만 않는다면, 아이들이 가진 진짜 능력을 마주할 수 있다. 그렇게 우리는 매주 함께하며 같이 자라났다.

그림책 독후활동, 고민될 땐 이렇게!

활동은 아이와 함께 만드는 과정이에요. 아이가 재미있게 읽은 장면에서 영감을 받아 아이의 말과 반응에 귀 기울여 주세요. 하지만 아이도, 나도 특별한 아이디어가 떠오르지 않을 땐, 아래 가이드를 참고해 보세요.

독후활동 찾기 가이드

1. 인터넷 & 유튜브 검색하기

아이가 흥미롭게 읽은 그림책 제목 뒤에 '(독후)활동', '책놀이' 같은 키워드를 붙여 검색해 보세요. 네이버 블로그, 인스타그램, 유튜브 등에서 다양한 활동 사례를 찾아 따라해 볼 수 있어요.

만약 『궁디팡팡』 그림책을 읽었다면, '궁디팡팡 책놀이' 또는 '궁디팡팡 독후활동'과 같이 검색 키워드를 넣어보세요. 검색 후에는 활동에 필요한 준비물과 과정을 확인한 뒤, 아이의 연령과 흥미에 맞게 변형해 보면 좋아요. 예를 들어, 재활용품을 이용한 만들기가 있다면 집에 있는 재료로 대체하거나, 만들기 대신 그림을 그리고 색칠하는 식으로 바꿔보는 거예요.

2. 관련 도서 찾아보기

서점이나 도서관에서 '그림책 놀이', '엄마표 활동' 등의 키워드로 도서를 검색해 보세요. 놀이 사례가 사진과 함께 정리된 책을 참고하면 시작이 한결 쉬워져요. 그림책 활동 아이디어는 물론, 함께 읽기 좋은 책도 제안되어 있어 더욱 유용합니다.

- 『공부머리 만드는 그림책 놀이 일 년 열두 달』(박형주, 김지연 지음, 다우출판사, 2019) : 독서교육·그림책 놀이 전문가들이 계절별로 고른 그림책 610권 목록과 158개의 그림책 놀이 활동을 소개해요.
- 『유아에서 초등까지 그림책 놀이수업』(이인희, 강정아 지음, 애플씨드북스, 2022) : 개정 유아 누리과정과 초등 교육과정을 담은 43권의 그림책을 소개합니다. 각 책마다 약 30개의 질문과 최대 10개의 놀이 활동이 수록되어 있어 아이들과 책을 읽고 어떤 대화와 활동을 하면 좋을지 구체적으로 참고 가능해요.

3. 교육기관·유아교육 관련 모임 활용하기

지역 도서관, 문화센터, 육아 커뮤니티 등에서 운영하는 부모-자녀 프로그램을 찾아보세요. 책을 읽고 확장하는 활동을 직접 보고 배울 수 있어요.

많은 지역 도서관에서는 영유아 대상 '북스타트', '그림책 읽어주기와 독후활동' 프로그램을 정기적으로 진행합니다. 또한 육아종합지원센터나 복지관에서도 '엄마표 책놀이', '오감 발달 그림책 놀이' 등의 강좌를 자주 개설하니, 거주 지역 기관의 홈페이지를 확인해 보세요. 직접 참여하며 다른 부모들의 활동 방식도 엿볼 수 있어 큰 도움이 됩니다.

4. 활동, 어렵게 생각하지 마세요!

거창하지 않아도 괜찮아요. 『나는 기다립니다』를 읽은 후 '요즘 내가 기다리는 것'을 그림으로 표현해 보거나, 책 광고지 만들기, 주인공에게 편지 쓰기, 가장 기억에 남는 장면을 그려보는 것만으로도 충분한 독후활동이 됩니다. 종이 한 장, 색연필 몇 개만 있어도 충분히 즐거운 시간을 만들 수 있어요.

북클럽 이렇게 운영했어요

1

멈춘 북클럽,
이어지지 못한 온라인

"다음엔 우리 집에서 해볼래?" 북클럽이 두 달을 넘어갈 무렵, 매주 우리 집으로 오던 친구 린이가 장소 변경을 제안했다. 매번 친구의 집에 초대받기만 했으니, 한 번쯤은 자기도 초대하는 쪽이 되어보고 싶었을 터. 한 번도 친구 집에 가본 적 없던 하윤이는 "좋아!" 하며 반색했고, 친구는 자기 집에서 여는 북클럽 모임을 손꼽아 기다렸다.

같은 요일, 같은 시간이었지만 장소가 바뀌자 분위기도 달라졌다. 친구는 눈에 띄게 당당해 보였다. 우리를 반갑게 맞이하며 집을 소개하고, 준비한 자리를 안내하며 주도적으로 움직였다. 책을 꺼내고 간식을 나누는 손길에도 자신감이 묻어났다. 아이들은 확실히 자기 집일 때 훨씬 주체적으로 변한다. 익숙한 공간이 마음의 편안함을 주고, 그 편안함이 자신감으로 이어지는 듯했다. 친구는 자기 공간을 열어 보이며 자연스럽게 책임감과 자신감을 드러냈다. 장소를 옮긴 건 단순한 공간의 변화가 아니었다. 모임의 분위기와 아이들의 태도가 함께 달라졌다.

서로의 집을 오가며 생긴 변화가 모임의 에너지를 새롭게 만들었다. 아이가 직접 준비하고 친구를 초대하는 경험은 자율성과 자존감을 키우는 데 도움이 되었다. 공간을 공유한다는 건 마음을 열고 환대하는 법을 배워가는 일이기도 하다. 엄마들은 아이들에게 그런 기회를 기꺼이 주고 싶었다. 장소를 나누는 일은 번거로운 부담이 아니라, 서로를 초대하는 즐거움으로 다가왔다. 그날 이후 우리는 한 달씩 번갈아 서로의 집에서 북클럽을 열기로 했다. 새로운 책장, 다른 간식, 다른 풍경이 신선함을 더했다. 익숙한 책도 새롭게 다가왔다. 친구를 초대하고 공간을 정리하며 준비하는 과정 하나하나가 아이들에게 소중한 배움이 되었다.

몇 달이 흐르며 북클럽은 어느새 우리 일상의 일부가 되었다. 아이들도, 엄마들도 이 시간을 기다렸다. 하지만 그 안정감이 오래가지는 못했다. 외동인 하윤이와 달리 친구에게는 아직 어린 동생이 있었고, 어느 날 동생의 유치원 하원 시간이 바뀌며 문제가 생겼다. 둘째를 돌봐야 했던 수화님은 더 이상 모임 시간에 맞춰 움직일 수 없게 되었다. 아이만 보내기에는 서로의 집이 너무 멀었다. 모두가 아쉬운 마음을 감추지 못했지만, 결국 우리는 모임을 잠시 멈추기로 했다. 언제든 상황이 나아지면 다시 시작하자고 약속하며 조용히 북클럽의 문을 닫았다. 그런데 이내 더 큰 장벽이 닥쳐왔다. 북클럽의 재개는커녕 학교에도 가지 못하게 된 해, 코로나19 팬데믹이 시작된 것이다.

학교도 친구도 책도 멀어진 시간

북클럽의 중단은 작은 예고에 불과했다. 학교는 문을 닫았고, 아이는 하루 종일 집에 머물게 되었다. 처음엔 '잠깐이겠지' 싶었다. 일주일쯤 지나면 일상이 돌아올 줄 알았다. 하지만 기다림은 계속됐다. 멈춰버린 일상은 버텨야 하는 하루하루가 되었다. 아이에게 제공되는 학습은

EBS 영상이 전부였다. 수업이라기보다는 그저 화면 앞에 앉아 있는 시간에 가까웠다. 아이는 화면 속 선생님의 설명에 집중하지 못했다. 내가 옆에 앉아 "선생님 질문에 답하면서 봐야지." 하며 채근하면, "어차피 선생님은 내 목소리를 듣지도 못하잖아." 하고 고개를 돌렸다.

계속되는 등교 중지로 아이의 학습 공백은 커져갔지만, 아이의 학습을 채워줄 열의조차 생기지 않았다. 매일 아침 날아오는 확진자 수, 거리두기 단계, 감염 경로가 내 머릿속을 점령했다. '다음 주에는 학교에 갈 수 있을까? 다음 달에는 일상을 되찾을 수 있을까?' 그 무엇도 예측할 수 없는 날들 속에서 불안은 커져만 갔고, 내 책 한 줄도 읽지 못한 채 상반기가 흘러갔다.

온라인으로 이어진 책 읽기의 끈

코로나19 상황이 장기화되자 계속해서 미뤄졌던 도서관 강연들이 화상회의실을 통한 온라인 강연으로 바뀌었다. 나는 주최 측의 요구에 맞춰 온라인 강연을 준비했다. 마이크와 카메라를 구입하고, 컴퓨터 앞에 앉아 강의했다. 처음에는 아무도 없는 방에서 혼자 말하는 것이 낯설어 배가 아플 만큼 긴장했지만 경험이 쌓이며 점점 적응해갔다. 아이의 학교도 쌍방향 온라인 수업과 등교 수업을 병행하기 시작했다.

화상회의실을 다루는 데에 익숙해지자 다시 책 모임을 향한 열망이 올라왔다. 아이에게 책 읽어 주기는 물론 내 책 한 권 제대로 읽지 못한 독서의 암흑기를 벗어나기 위해 온라인 북클럽을 시작했다. 8명의 멤버가 2주에 한 번씩 모여 8권의 책을 함께 읽는 생애 첫 온라인 독서 모임으로 혹독했던 2020년의 가을을 버텼다. 온라인 모임의 어색함은 세 번째 모임부터 사라졌고, 지역을 초월한 책 친구들과 함께하며 소중한 일상을 되찾았다.

내가 온라인 독서 모임에 적응하며 빠져드는 사이, 화상회의실을 이용한 어린이 책 모임도 곳곳에서 생겨났다. 도서관 수업과 동네 책방, 독서지도사 선생님의 개인 교실 등을 알아보던 중 좋은 기회를 만나게 되었다. 그림책 모임을 함께하던 선생님 중 한 분이 직접 8주간의 온라인 어린이 북클럽을 연 것이다. 나는 하윤이에게 "엄마가 정말 좋아하는 선생님이 계시는데, 화상회의실에서 재미있는 그림책을 읽어주신대! 하윤이랑 같은 학년인 친구들 4명이랑 함께 하는 온라인 북클럽인데 한번 해볼래? 겨울 방학 동안 일주일에 한 번씩, 8번만 하는 거고, 우리 북클럽 했던 것처럼 책 읽고 가장 인상 깊었던 장면 고르면서 자유롭게 이야기 나누는 거래. 어때? 재미있을 것 같지 않아?"라고 제안했다. 아이는 한참을 고민하다 조심스럽게 물었다.

"말하기 힘들면 안 해도 돼? 선생님 말에 대답하기 힘들면 어떻게 해?"

아이의 고민을 전해 들은 선생님은 말하지 않아도 괜찮다고, 손동작이나 고갯짓으로 표현해도 된다고, 부담 없이 내가 할 수 있는 만큼만 자유롭게 참여하면 된다고 흔쾌히 말을 전했다. 그 말을 들은 아이는 용기를 내며 부탁했다. "그럼 엄마가 옆에 같이 있어 줘. 엄마가 내 옆에 앉아 있어 주면 한 번 해볼게."

온라인 북클럽이 알려준 것

그렇게 시작된 온라인 북클럽은 나의 인내심을 테스트하는 시험대가 되었다. 우리는 여덟 번의 모임에 빠짐없이 참여했지만, 아이는 단 한 번도 입을 열지 않았다. 나는 침묵으로 일관하는 아이 옆에 앉아 자기 생각을 야무

지게 이야기하는 또래 친구들의 모습을 바라봐야 했다. '다른 친구들과 비교하지 말자', '우리 아이만의 속도를 존중하자' 매번 되뇌었지만, 울컥울컥 올라오는 감정을 다스리는 건 쉽지 않았다.

8주가 지나고 찾아온 마지막 날, 나는 내 감정을 최대한 억누르며 아이에게 물었다. "하윤아 왜 마지막 시간까지 한마디도 안 했어? 선생님도 엄청 다정하고 좋으셨잖아. 하윤이도 선생님 좋다고, 선생님이 그림책 읽어주시는 거 재미있다고 했으면서 왜 끝까지 한마디도 안 한 거야? 학교에서 줌 수업할 때는 조금이라도 말은 했잖아. 한마디도 안 하지는 않았잖아."

아이는 고개를 푹 숙인 채 한참을 망설이다 들릴 듯 말 듯 작은 목소리로 말했다. "안 한 게 아니고… 말이 안 나온 거야. 선생님도 친구들도 한 번도 본 적이 없으니까. 우리 반 친구들은 학교에서 얼굴을 봤잖아. 자주는 아니어도, 학교에서 만난 적이 있으니까…."

주눅 든 아이를 꼭 안아주며 다시 한번 다짐했다. 아이의 마음과 속도를 품어주자고, 아이가 할 수 있는 만큼만 천천히 가자고. 온라인 북클럽은 우리 아이에게 버거운 산이었다. 아이가 부담 없이 입을 열어 자기 생각을 말할 수 있는 공간은 여전히, 엄마와 함께하는 북클럽이었다.

　물론 온라인 북클럽이 모든 아이에게 높은 벽인 것은 아니다. 화면 너머 처음 보는 친구와도 스스럼없이 이야기하는 아이들도 있다. 하지만 우리 아이처럼 낯선 환경이나 새로운 관계에 적응하는 데 시간이 필요한 경우라면, 순서를 조금 바꿔 보길 권한다. 곧바로 온라인으로 접속하기 보다 오프라인에서 먼저 만나 충분히 얼굴을 익히고 친밀감을 쌓는 것이다.

　실제로 내 주변에는 오프라인 북클럽이 온라인으로 바뀐 사례가 종종 있다. 아이들이 고학년이 되며 시간이 맞지 않거나 이사 등으로 만남이 어려워졌을 때, 온라인으로 장소를 옮겨 모임을 지속하곤 했다. 함께 머리를 맞대고 이야기 나눠 온 시간이 쌓여 있기에, 화면 속에서도 어색함 없이 대화를 이어갈 수 있었다. 북클럽에서 무엇보다 중요한 건 아이들이 각자의 속도로 마음을 열 수 있는 환경이었다. 온라인이든 오프라인이든 북클럽의 형식은 중요하지 않았다.

온라인 북클럽, 시작 전 체크리스트

요즘은 집에서도 편하게 참여할 수 있는 어린이 북클럽이 많아졌어요. 온라인 북클럽은 이동 없이 참여할 수 있고, 지역에 상관없이 다양한 친구들을 만날 수 있다는 장점이 있죠. 온라인 북클럽에 관심이 있다면, 아래 체크리스트를 참고해 보세요.

온라인 북클럽 참여 가이드

1. 관심 있는 플랫폼부터 찾아보기

먼저 아이의 연령대에 맞는 온라인 북클럽이 어떤 곳에서 운영되는지 탐색해 보세요.

- 포털사이트에서 '어린이 온라인 북클럽', '줌(Zoom) 책 모임', '비대면 독서 모임', '초등 온라인 독서토론' 등을 검색하면, 교육 기관·출판사·독립 책방·도서관 등에서 운영하는 다양한 프로그램을 확인할 수 있어요.

- 지역 도서관 홈페이지의 '문화 프로그램' 게시판에서 '그림책 읽기', '독서토론 교실' 등의 프로그램을 찾아보세요.
- 동네 책방의 SNS 계정(인스타그램, 블로그 등)을 팔로우하면 새로운 모집 공고나 행사 소식을 빠르게 받아볼 수 있어요.
- 육아·교육 관련 카페나 커뮤니티에서도 실제 참여 후기나 추천 정보를 얻을 수 있습니다.

2. 아이 나이와 성향에 맞는 모임인지 확인하기

온라인 북클럽마다 진행 방식이 다르기 때문에 북클럽의 성격이 우리 아이와 잘 맞는지 확인해야 보다 즐거운 독서 경험이 될 수 있어요. 참여 전에는 다음 항목을 꼭 확인해 보세요.

- **책 선정 기준** : 선정된 도서가 아이의 연령대에 적합한지, 아이가 평소 관심 있어 할 만한 주제인지 확인해야 흥미를 유지할 수 있습니다.
- **참여 연령과 인원 구성** : 또래 친구들과 함께할 수 있는 적정 연령대인지, 그룹 인원이 너무 적거나 많지는 않은지 확인하세요.
- **진행 방식** : 수업처럼 체계적으로 진행되는 모임인지, 아니면 자유롭게 의견을 나누는 토론 중심인지 성격을 파악하

세요.

- **활동 유형** : 책을 낭독하는 것이 주된 활동인지, 아이 스스로 발표하고 토론해야 하는 비중이 높은지 점검하세요. 만들기, 퀴즈 등 책 내용과 연계된 다양한 후속 활동이 포함되어 있는지도 확인하면 좋습니다.

3. 가정의 일정에 부담 없이 이어갈 수 있는지 점검하기

온라인 활동이라도 시간적·심리적 부담이 되지 않도록 현실적인 부분을 점검해야 해요.

- **빈도 및 과제량** : 주 2회 이상 등 너무 잦은 모임 일정이나 준비해야 할 과제가 많은 모임은 아이와 양육자 모두에게 피로감을 줄 수 있습니다. 아이의 일주일 루틴에 무리가 없는지 확인하세요.
- **시간대 및 지속성** : 모임 시간이 저녁 식사나 숙제·취침 시간과 겹치지 않는지 살펴보세요. 아이의 생활 리듬과 가정의 일정에 맞는 속도와 형식을 선택하는 것이 중요합니다.

4. 한두 달, 부담 없는 기간부터 시작하기

대부분의 온라인 북클럽은 1~2개월 단위 프로그램으로 운영됩니다. 짧은 기간 동안 아이의 반응을 살핀 뒤, 흥미가 지속된다면 다음 기수로 연속해서 참여하거나 장기 프로그램으로 옮겨가는 것이 좋습니다. 처음에는 짧고 가벼운 과정부터 시작해 아이에게 맞는 모임의 리듬과 스타일을 찾아보세요. '즐거운 첫 경험'이야말로 온라인 북클럽의 가장 좋은 출발점이랍니다.

북클럽 시즌2,
참가비 있습니다!

두 가족이 서로의 집을 오가며 진행했던 첫 북클럽은 따뜻하고 오붓했다. 낯을 많이 가리고 책 읽기에 대한 자존감이 많이 낮아진 아이에게 여전히 책이 재미있다는 경험을 준 잊지 못할 북클럽이었다. 아이가 3학년이 되고 오랜 펜데믹에서 벗어나 일상이 점차 회복되며 다시 북클럽을 해야겠다는 생각을 품었다. 다만 예전과 똑같은 방식으로 반복할 수는 없었다.

우선 아이를 키우는 엄마의 삶은 늘 예측할 수 없는 변수로 가득하다. 갑자기 학교에 가야하거나, 아이가 아프거나, 가족에게 일이 생기는 등 이런 저런 일이 많았다. 매주 반복되는 일정에 빠짐없이 참여하기란 쉽지 않다. 게다가 두 가족이 진행하는 북클럽이니 한 가족이 빠지면 진행이 불가능했다. 특히 자녀가 둘 이상이라면 진행과 참여를 병행하기 힘들다. 이것 자체가 높은 장벽으로 다가오곤 했다. 결국 변화가 필요했다.

엄마들의 부담은 줄이고, 나는 리더가 되어

직장에 다니는 엄마도, 형제자매가 있는 아이도, 북클럽 경험이 없는 양육자도 함께할 수 있는 모임을 위해서는 모임 준비와 진행을 전담해 줄 리더가 필요했다. 프리랜서로 일하며 외동아이를 키우고, 다양한 북클럽을 운영해 온 나는 아이들 모임을 이끌어 줄 엄마로 가장 적합한 사람이었다. 그래서 2년 전과 비슷하면서도 달라진 내용의 모집 글을 썼다.

하윤이와 함께 할 책 친구를 찾아요!

• 모임 장소는 노원역 6번 출구에서 도보 5분 거리의 대관 공간입니다.

• 시간은 목요일 오후 4시 30분으로, 요일과 시간은 협의 후 조정

가능합니다.

- 모임은 주 1회, 1시간씩 진행되며, 활동 기획과 지도는 제가 전담합니다.
- 독서와 글쓰기를 가르치는 '수업'보다는 책 읽기와 글쓰기의 즐거움을 나누는 '독서 모임'입니다.
- 장소 대관비를 포함한 소정의 참가비가 있습니다.
- 자세한 커리큘럼은 멤버 확정 후 공유해 드릴 예정입니다.
- 인원은 하윤이 포함 최대 4명으로, 초등학교 3학년인 하윤이 또래 또는 2학년 동생, 4학년 언니 오빠도 환영합니다!

북클럽 시즌2의 첫 번째 변화는 리더의 존재이다. 내가 리더가 되어 엄마들의 부담을 줄였다. 혹시 리더 경험이 없다고 두려워할 건 없다. 가까운 북클럽에 참여하여 3~6개월 정도 직접 경험해 보면 어떻게 리딩을 해야 하는지 배울 수 있다. 두 번째는 각자의 집에서 모이지 않고 외부의 모임 공간을 이용하기로 했다. 이제 하윤이는 3학년이었다. 또래 친구들과 모임을 할 때 구태여 엄마가 데려다주고 데려가는 수고를 하지 않아도 스스로 찾아올 수 있는 나이였다. 전철역 가까운 곳으로 정한다면 도리어 아이들의 참여를 높일 수 있겠다고 판단했다. 또한 아무래도 집이 편하기는 하지만 공식적인 외부 공간에서 모임을 하면 분위기가 달라진다. 좀 더 진지해진다고 할까, 그런 장점도 누리고 싶었다.

유료 북클럽, 지속 가능한 즐거움을 위해

세 번째로 달라진 점은 유료 모임으로 전환했다는 점이다. 공간 대관과 준비, 진행을 모두 내가 맡는 구조이기에 참가비가 필요했다. 참가비는 단순히 공간 대여료나 재료비를 나누기 위한 의미를 넘어, 모임의 지속 가능성을 높이기 위한 장치였다. 운영자의 입장에서 북클럽은 단지 일주일에 한 번 얼굴을 마주하는 시간이 아니다. 책을 고르고, 활동을 기획하고, 공간을 준비하는 데 매주 많은 시간과 에너지가 들어간다. 이전에 성인 대상 독서 모임을 무료로 운영했던 경험이 있었다. 함께 읽고 나누는 시간이 좋아 3년 가까이 참가비 없이 다 같이 모임을 운영했다. 하지만 처음에 역할 분담이 명확하지 않으면 시간이 흐를수록 한 사람에게 모든 일이 떠맡겨진다. 이 모임은 결국 모든 준비와 진행을 내가 떠안는 상황으로 변했고, 점차 나는 그 역할이 버거워졌다. 아무리 좋아서 하는 일이라도 지속 가능한 방식이 아니라면 결국 지치게 된다.

이후 새로 시작한 온라인 독서 모임에서는 소정의 참가비를 받았고, 분위기는 훨씬 안정적이었다. 리더로서 시간을 투자하는 만큼 모임에서 존중을 받을 수 있었고, 나는 지치지 않고 꾸준히 모임을 이끌어갈 수 있었다. 참여자들도 높은 출석률을 보이며 책임감을 가지고 모임에 임했다. 참여자 입장에서도 참가비는 하나의 심리적 약속이 된다. 무료일 땐 가벼운 마음으로 참여했다가 쉽게 빠질 수 있고, 일정이 겹치면 손쉽게 다음을 기약하며 결석이 잦아지기도 한다. 하지만 적은 금액이라도 비용을 지불하면, 조금 더 책임감을 가지고 함께하려는 마음이 생긴다. 이번 북클럽 시즌2는 그런 경험을 바탕으로 기획했다. 부담 없이 참여하되, 누구도 소진되지 않도록. 오래도록 즐겁게 이어질 수 있도록. 단지 비용을 나누는 차원을 넘어 모두가 주인의식을 가지고 함께 꾸려 나갈 수 있는 방식을 찾고 싶었다.

북클럽 시즌2, 새로운 시작을 준비하며

모집 글을 내 블로그에 올리자 14개의 댓글이 달렸다. 모임을 응원한다는 댓글과 함께 하고 싶지만 거리가 멀어 아쉽다는 댓글을 제외하고, 2개의 신청 댓글을 만났다. 같은 동네에 살고 있는 동갑내기 친구 한 명과 한 살 어린 동생 한 명. 거기에 2년 전 오붓한 북클럽을 함께했던 친구 린이까지 합류해 4명의 구성원이 빠르게 결성됐다. 나는 아이들과 함께할 첫 달의 모임을 준비하기 위해 도서관으로 향했다. 그림책 서가에 파묻혀 네 번의 모임에서 함께 읽을 책과 활동을 정했다.

어린이 북클럽 첫 달 활동 계획안

	날짜	그림책	활동
1	9월 30일	『파랑이 싫어!』, 채상우, 길벗어린이	• 내가 싫어하는 색깔, 좋아하는 색깔 나누기 • 글쓰기 퀴즈
2	10월 7일	『평범한 식빵』, 종종, 그린북	• 내가 가장 좋아하는 빵은? 내가 빵이라면? • 나도 남들의 어떤 부분을 부러워한 적 있나요?
3	10월 14일	『진짜 내 소원』, 이선미, 글로연	• 나는 어떤 소원을 말할까? 내 소원은 이루어질까? • 나의 '지니'에게 설득 편지 쓰기
4	10월 21일	『쩌저적』, 이서우, 북극곰	• 글 없는 그림책에 글 쓰기, 나만의 책 만들기

단체 채팅방을 만들어 엄마들을 초대한 뒤, 표로 간략히 정리한 활동 계획안을 공유했다. 첫 달의 주제는 '나'로 정했다. 처음 만나는 친구들이 자연스럽게 서로를 알

아가고 서먹함을 풀 수 있도록 자아 탐색을 돕는 그림책을 골랐다. 활동은 학년이 올라간 만큼 만들기나 놀이보다 말하기와 글쓰기에 초점을 맞췄고, 다음 세 가지 목표를 중심으로 구성했다.

첫째, 그림책을 통해 시각예술과 언어의 아름다움 경험하기. 둘째, 나의 경험을 되돌아보며 스스로를 이해하기. 셋째, 내 생각과 감정을 말과 글로 표현하는 연습하기. 북클럽의 첫 달은 그렇게 아이들이 자기 자신과 마주하는 시간을 만드는 데 집중했다.

"어때 하윤아? 재미있을 것 같아? 북클럽을 계속하고 싶을 것 같아?" 4주간의 계획을 설명한 뒤 아이의 의견을 묻자, 아이는 재미있을 것 같다며 엄지손가락을 번쩍 들었다. 그러고는 간담을 서늘하게 만드는 말을 덧붙였다.

"엄마, 내가 끝나고 나면 솔직하게 얘기해 줄게. 재미가 있었는지 없었는지. 아주 솔직하게!"

아이가 들려줄 솔직한 의견이 두려워 괜히 더 긴장되는 2주가 흘러갔다. 새로운 친구들과 새롭게 함께할 첫 모임 D-14. 이제 어린이 북클럽 시즌2의 막이 오를 시간. 우리는 떨리는 마음으로 그날을 기다렸다.

참가비, 저는 이렇게 정했어요!

북클럽을 꾸준히 운영하려면 운영자의 시간과 에너지도 함께 고려되어야 해요. '수익'이 아니라 '지속 가능성'을 위한 마음으로, 저는 이렇게 참가비를 정했어요.

1회 모임 기준, 이렇게 계산했어요

1. 대관비 5,000원

동네 인근 도서관의 소모임 공간을 시간 단위로 대여했어요. 공간은 모임의 분위기를 결정짓는 중요한 요소이기 때문에, 아이들이 집중하고 편하게 이야기 나눌 수 있는 환경을 최우선으로 고려했어요. 북클럽을 위한 공간이 꼭 비싼 스터디룸일 필요는 없어요. 아래와 같은 장소를 활용해 보세요.

• 지역 도서관의 문화강좌실 : 주민 대상 대관이 가능하며 1~2시간 단위로 신청할 수 있어요. 대부분 무료이거나 소정의 이용료(1,000~3,000원 수준)로 이용 가능합니다.

- 주민센터·평생학습관 소모임실 : 무료 또는 매우 저렴한 비용으로 이용할 수 있어요. 다만 예약 경쟁률이 높을 수 있으니, 운영 시간과 일정 공지를 미리 확인하고 정기적으로 예약하는 것을 권장합니다.

- 커뮤니티 카페, 동네 독립서점 : 음료 주문 조건으로 공간 일부를 이용하거나, 평일 오전·오후 시간대에 저렴하게 대관할 수 있어요. 친근하고 편안한 분위기 조성에 좋습니다.

- 집 거실, 단지 내 커뮤니티룸 : 처음 시작하는 소규모 북클럽이라면 적합한 선택이에요. 다만 아이들이 함께 모이는 만큼 소음이나 안전 관리에 주의가 필요합니다.

2. 운영자 수고비 5,000원

커피 한 잔 얻어 마신다고 생각했어요. 기획, 자료 준비, 진행 등 모임을 위해 들이는 시간과 에너지에 대한 최소한의 보상이에요.

3. 간식비 + 인쇄비 + 재료비 등 5,000원

아이들 간식, 프린트 자료, 만들기 재료 등 매번 소요되는 비용이에요. 책의 주제에 맞춰 스티커, 클레이, 색종이 같은 재료를 준비하거나, 간단한 간식을 준비하면 아이들의 집중력과

만족도가 높아집니다. 가끔 책을 단체로 구매할 때도 이 항목
에서 조정했어요.

4. 한 달 참가비 60,000원: 총 1회 15,000원 × 4주

넉넉하진 않아도, 제가 지치지 않고 모임을 지속할 수 있도
록 돕는 구조였어요.

5. 참가비 책정, 이렇게 생각해 보세요

• 참가자와 운영자 모두에게 '부담 없는' 금액 설정 : 금액이 너무 높
  으면 참가 장벽이 생기고, 너무 낮으면 운영자가 쉽게 번아
  웃될 수 있어요. 운영자가 최소한의 동기 부여를 유지할 수
  있는 균형점을 찾아보세요.

• 활동의 성격과 준비 범위에 따른 유동적인 조정 : 독서 토론 중심의
  모임이라면 '재료비' 항목이 줄어들 수 있어요. 모임의 특징
  에 맞게 항목과 금액을 유연하게 조절하세요.

• 체험 모임으로 시작해 자연스럽게 정기 참가비 도입 : 처음부터 정
  기 참가비를 받는 것이 부담스럽다면 1~2회는 체험 모임
  형태로 운영해 보세요. 참가자들의 만족도와 피드백을 수렴
  한 뒤, 항목별 비용을 명확히 안내하면 거부감 없이 자연스
  럽게 정착될 수 있습니다.

3

두근두근 첫 모임,
어색함을 없애는 힘

드디어 첫 모임 날. '오늘 처음 만나는 친구들은 어떤
아이들일까? 나만큼 긴장하고 있지는 않을까?' 아이와
함께 모임 장소로 향하는 발걸음이 걱정으로 가득했다.
"하윤아. 친구들이 서로 어색해서 아무도 발표를 안 하려
고 하면 어쩌지? 엄마가 물어보는 말에 아무도 대답 안
하면 어떡해?" 걱정을 쏟아내듯 아이에게 묻자, 내 손을
잡고 걷던 아이가 내 눈을 바라보며 말했다.

"괜찮아, 내가 있잖아! 내가 다 대답해 줄게. 근데… 한
명만 그것도 엄마 딸만 얘기를 하는 게 무슨 의미가 있는

지는 잘 모르겠네!”

그 말에 빵 터져 웃으며 긴장이 한풀 풀렸다. 약속 시간보다 30분 일찍 도착한 우리는 모임 준비도 함께했다. 아이는 테이블을 소독제로 깨끗이 닦고, 색연필과 사인펜, 크레파스, 활동지, 이름표를 꺼내 하나하나 정리했다. 아이는 첫 시간의 든든한 동료가 되어줬다.

재잘재잘, 그림책이 열어준 마음

준비를 마치자 아이들이 하나둘 들어오기 시작했다. 조금은 긴장된 얼굴로 인사하며 자리에 앉은 아이들에게 간단히 이름을 묻고, 한 명씩 돌아가며 짧은 자기소개를 했다. 다니고 있는 학교와 학년, 이름을 나누고, 오늘을 위해 준비한 그림책을 꺼냈다.『파랑이 싫어!』는 파랑을 싫어하는 사자의 이야기가 담긴 그림책으로, 다양한 동물들이 모호하게 그려져 있다. 책장을 넘겨 그림을 한 장씩 보여주자, 아이들의 입에서 재잘재잘 말이 흘러나왔다.

“얘는 사자일까요? 사자인가 봐요.”

“음~ 나는 호랑이 같기도 한데요?”

“얘는 귀가 기다란 게 토끼인가 봐요.”

"귀처럼 생긴 걸 눈으로 보면 개구리 같기도 해요."

아이들은 그림을 매개로 자연스럽게 말문을 열었다. 그저 그림책을 펼쳐 읽어준 것뿐인데, 경계심을 내려놓고 서로의 의견에 귀를 기울였다. 그림책의 마지막 장을 넘겨 뒤표지까지 감상한 뒤, 각자 가장 인상 깊었던 페이지를 하나씩 골라 이유를 나눴다. 아이들은 "얘는 파랑이 싫다고 했는데, 책에는 파랑만 가득해요."라며 파란색만 사용한 그림책의 특징을 짚어냈다. "저는 파란색을 좋아하는데, 이런 파랑은 아니고 하얀색이 좀 섞인 하늘색을 좋아해요." 하면서 자신에 대한 이야기를 먼저 꺼내기도 했다.

색깔에서 시작된 대화의 온기

나는 준비한 활동지를 꺼내 아이들에게 설명했다. "이제 내가 좋아하는 색과 싫어하는 색을 적고, 그 색에서 떠오르는 걸 함께 적어보자. 색과 연상되는 걸 말해보는 거야." 나도 활동지를 펼쳐 글씨를 채워 넣다 아이들에게 도움을 청했다. "내가 좋아하는 색은 초록이고, 싫어하는 색은 보라색이야. 보라색 하면 떠오르는 게 뭐가 있을까? 난 가지밖에 생각이 안 나는데?" 나의 SOS에 아이들은 적극적으로 반응했다.

"포도요! 저는 과일 포도보다 포도맛 젤리를 더 좋아하
지만요!"

"라벤더도 있어요. 저희 엄마가 좋아하는 꽃이에요."

그리고 누가 먼저랄 것 없이 서로 질문을 주고받기 시
작했다.

"빨강은? 나는 빨강 하면 떠오르는 게 고추밖에 없는
데, 빨강 아이디어 받습니다. 참고로 빨강은 제가 싫어하
는 색입니다."

"빨강 하면 장미지."

"나는 파프리카!"

"나는 김치!"

아이들은 활발하게 의견을 주고받으며 활동지를 채워
갔다. 이어 각자 쓴 내용을 돌아가며 발표했다. 부담스러
울 수 있는 첫 번째 발표는 하윤이가 도맡아 주었다.

"내가 좋아하는 색은 민트색이야. 민트색 하면 떠오르
는 건 민트 원피스, 민트 조개, 민트색 장미, 솜사탕, 그리
고 민트 초코! 그런데 난 민트 초코는 안 좋아해. 민초파
인 사람도 있을 텐데, 나는 반민초파거든. 민트 초코 아이
스크림은 안 먹어."

하윤이의 '반민초파' 선언이 끝나자마자 '민초파 vs 반민초파' 논쟁이 시작됐다. 신기하게도 둘씩 짝을 이루며 서로의 입맛에 공감하고, 민트 초코 맛에 대해 뜨겁게 토론했다. 나는 활발해진 대화를 재미있게 듣다가 "얘들아, 그런데 좋아하는 색과 연결된 것 중에 안 좋아하는 게 있다는 게 반전이지 않아? 그럼 싫어하는 색과 연결된 것 중에 좋아하는 것도 있을까? 혹시 내가 쓴 것 중에 그런 게 있나 찾아보자!"라고 말을 보탰다.

아이들은 활동지를 내려다보며 "있어요! 있어요!" 신나게 외치고 반전의 단어에 동그라미를 쳤다. 빨강을 싫어하는 색으로 쓴 친구는 "파프리카는 싫어하지만 김치는 좋아해요!"라며 웃었다. 또 다른 친구는 파랑을 싫어하는 색으로 적었지만 바다와 물놀이는 좋아한다고 말했다. 각자가 적고, 동그라미 친 내용을 나누며 모임의 열기는 더욱 뜨거워졌다.

글쓰기 퀴즈로 나누는 나의 경험

색깔 이야기를 마친 뒤, 우리는 그림책 속 주인공처럼 '처음엔 싫었다가 나중에 좋아하게 된 경험'을 떠올려 보기로 했다. 바로 글을 쓰자고 하면 어렵게 느껴질 수 있으니, 내가 쓴 글을 먼저 읽고 그게 무엇인지 맞춰보는 퀴즈를 했다.

'나는 이걸 너무 못 해서 하기가 싫었다. 땀이 나는 것도 싫고 귀찮았다. 또 힘들었다. 그런데 몸이 건강해지려면 이걸 꾸준히 하는 게 좋다고 했다. 그래서 억지로 조금씩 했다. 처음에는 일주일에 한 번도 간신히 했는데, 계속하다 보니 일주일에 2~3번 할 수 있게 됐다. 지금은 매일도 할 수 있다. 이걸 하면 땀이 뻘뻘 나는데, 샤워를 하고 나면 개운해서 기분이 좋다. 몸도 튼튼해지고 근육도 생긴다. 뿌듯하다.'

아이들은 네 번째 문장을 읽자마자 답을 쏟아내며 "에이, 힌트가 너무 쉽잖아요." 하고 퀴즈의 난이도에 볼멘소리를 했다. 그리고는 반짝이는 눈으로 이야기했다.

"아! 저도 생각났어요! 저도 유치원 때 엄청 싫었는데 지금은 좋아진 게 있어요!"

나는 "오, 좋아. 그럼 그게 뭔지는 알려주지 말고, 왜 싫어했는지, 어떻게 좋아하게 됐는지 글로 써보자. 나중에 친구들의 글을 듣고, 그게 뭔지 맞춰보는 거야."라고 아이들을 북돋았다. 아이들은 신나게 연필을 들었다. "이렇게 쓰면 아무도 못 맞출 것 같은데…", "이건 너무 쉬운가?" 중얼거리며 퀴즈의 난이도까지 진지하게 고민했다. 그리고 각자가 쓴 '이것'의 정체를 맞출 시간! 첫 발표는 오늘 모임을 적극 도와주겠다고 약속한 하윤이가 맡아주었다. 조금 긴장한 얼굴이었지만, 활동지에 쓴 글을 또박또박 읽어 내려갔다.

"나는 이걸 유치원 때 싫어했다. 이것을 가르쳐주는 선생님이 싫어서 싫어했다. 그래서 일부러 늦잠을 잤다. 하지만 지금은 선생님이 없어져서 그것을 싫어하지 않는다. 예전에는 물도 싫었지만 지금은 물도 좋아졌다. 그래서 더 좋다."

아이들은 알쏭달쏭한 표정을 짓다가 '물' 이야기가 나오는 순간 눈을 반짝이며 연필을 들었다. 우리는 포스트 잇에 정답을 적어 하윤이에게 내밀었다.

"자, 이 중에 정답이 있나요?"

"있습니다!"

"오, 정답이 무엇인가요?"

"정답은 두구두구 수영입니다!"

아이들은 A4 용지 반쪽이 넘는 공간을 빼곡히 채워 글을 썼고, 첫 시간이 무색할 만큼 활발하게 이야기를 나누었다. 정답이 공개되자 "아 수영이었구나!" 하는 감탄과 탄식이 동시에 터져 나왔고, "하윤아, 넌 유치원에서 수영 배웠어?" 하는 질문이 이어졌다. "응, 나는 유아스포츠단 을 다녔거든. 수영이 맨날 1교시에 있었어." 그 말을 들은 아이들은 일제히 자기 이야기를 꺼냈다.

"어! 내 친구 중에도 유아스포츠단 나온 애 있는데!"

"나는 풀잎유치원에 다녔어. 우리 유치원은 수영 시간 은 없었는데."

"나도 유치원 때 수영은 안 했어. 대신 발레를 했어."

모임 공간은 어느새 맞장구와 웃는 소리로 가득 찼다. 아이들은 자기 생각을 자연스럽게 나누고, 자기가 쓴 글 을 또박또박 읽으며 서로의 이야기에 귀 기울였다.

반짝이는 에너지로 가득했던 시간을 보내고 돌아오는 길, "오늘 모임 어땠어?"라고 묻는 나에게 아이는 말했다. "완전 완전 재미있었어! 내일이 또 목요일이면 좋겠다."

집에 오자마자 침대로 직행할 만큼 나의 체력은 방전 되었지만, 마음만큼은 단단히 충전됐다. 재미있게, 무사 히, 그리고 즐겁게. 어린이 북클럽 시즌2의 첫걸음은 힘 차고 따뜻했다.

첫 모임의 어색함을 벗어버리려면

첫 모임의 분위기는 북클럽 전체에 큰 영향을 줘요. 모두가 어색하고 긴장되는 첫 만남, 특히 말수가 적거나 소극적인 아이도 자연스럽게 참여할 수 있도록 아래의 방법을 활용해 보세요.

1. 자기소개는 짧고 편하게

학교, 학년, 이름만 말하면 된다고 미리 안내해 주세요. 소개가 짧을수록 부담이 덜하고, 첫 만남의 긴장도 자연스럽게 줄어들어요.

아이들이 서로의 이름을 기억하기 쉽도록 이름표를 만드는 활동을 함께해도 좋아요. 아이들 이름이 적힌 이름표를 미리 준비해 둘 수도 있지만, 일찍 도착한 아이들이 어색하지 않게 기다릴 수 있도록 책상 위에 세워둘 수 있는 삼각형 모양으로 접은 두꺼운 종이를 준비해 보세요. 그 위에 각자가 자신의 이름을 적고, 색연필이나 스티커로 자유롭게 꾸미거나 칠하게 하면 자연스럽게 대화가 오가며 긴장이 풀립니다.

이름표 꾸미기 활동은 한 번으로 끝내지 않고, 아이들이 서로의 이름을 완전히 외울 때까지 약 한 달 정도 지속해도 좋아요. 아이들은 매주 다른 색과 모양으로 이름표를 만들며 모임이 시작되기 전부터 자연스럽게 이야기를 나눴어요. 이 작은 루틴이 첫인사의 어색함을 없애고, 매주 만남의 시작을 따뜻하게 만들어 줄 수 있답니다.

2. 활동지는 쉽고 편안하게

말로 표현하는 게 어려운 아이에게는 글이나 그림이 훨씬 편할 수 있어요. 색깔, 감정, 좋아하는 것 등을 적거나 그릴 수 있는 활동지를 준비해 보세요. 생각할 시간을 넉넉히 주고, 발표할 때는 활동지를 보며 읽어도 괜찮다고 알려주면 부담이 한결 줄어듭니다.

3. 발표는 운영자가 먼저 보여주기

어떻게 발표하면 되는지 운영자가 먼저 시범을 보여주고, "먼저 말하고 싶은 사람?" 같은 느슨한 질문으로 부드럽게 대화를 유도해 주세요. "이야기 듣기만 해도 좋아요"라고 말하며 침묵해도 괜찮다는 메시지를 미리 주면, 아이들은 '꼭 말해야 하는 모임'이라는 압박에서 벗어나 편안한 마음으로 참여할 수 있습니다.

4. 퀴즈나 게임은 배려 있는 방식으로

첫 시간에는 안전하고 평등한 놀이가 중요해요. 경쟁을 유발할 수 있는 순발력이나 목소리 크기가 돋보이는 놀이보다 생각의 깊이가 드러나는 방식으로 진행해 보세요. 손을 들고 외쳐 정답을 맞히는 방식 대신, 종이에 조용히 답을 적고 보여주는 방식이 더 공평하고 안전한 느낌을 줄 수 있습니다. 조용한 친구들도 자연스럽게 어우러질 수 있는 방법이에요.

4

한 달 만에 소문난 북클럽, 저도 하고 싶어요!

　떨리는 첫 모임 후, 한 달이 눈 깜짝할 사이에 지나갔다. 첫 달의 마지막 주는 조금 더 특별한 시간으로 준비했다. 나는 아이들에게 한 권씩 똑같은 책을 나눠주었다. 내가 고른 책은 글 없는 그림책『쩌저적』. 어느 날 갑자기 빙하가 갈라져 혼자가 된 꼬마 펭귄의 모험을 담은 이 책에는 단 세 단어만 등장한다. "쩌적", "쩌저적", 그리고 "똑". 이 책을 고른 데는 이유가 있었다. 나는 아이들에게 "오늘은 너희가 이 책의 글 작가가 되어보는 거야. 이 책에는 글이 없으니까, 그림을 보고 너희가 원하는 대로 글을 써서 나만의 그림책을 만들어 보자.”라고 제안했다.

작가가 되어볼까? 글 없는 그림책에 글 쓰기

아이들의 눈이 반짝였다. ‘진짜 책에 글을 써도 된다고?’ 하는 놀라움과 ‘내가 작가가 된다니!’ 하는 설렘이 뒤섞인 표정이었다. 나는 다양한 크기와 모양의 포스트잇을 꺼내 아이들 앞에 펼쳐 놓았다. 말풍선처럼 생긴 스티커, 길쭉한 메모지, 그림 위에 붙여도 그림을 가리지 않는 투명 포스트잇까지. 책 위에 바로 글씨를 쓰는 것이 부담스럽거나 두려운 친구들도 있을까 봐 준비한 도구들이었다. 그림책에 직접 쓰지 않고도 붙였다 떼었다 하며 이야기의 흐름을 편하게 만들어가기를 바랐다.

아이들은 저마다의 방식으로 신나게 이야기를 써 내려갔다. 책장을 넘기며 어떤 포스트잇을 붙일지 신중하게 고르기도 하고, 거침없이 책 위에 글을 쓰며 웃음을 터뜨리기도 했다. 나는 글쓰기를 일찍 마친 친구에게 책 앞표지의 작가 이름 옆에 ‘글 작가’로 자신의 이름을 적어보라고 제안했다. 내 말을 들은 아이들은 일제히 책장을 덮고 자신의 이름부터 적기 시작했다. 그러자 한 친구가 물었다.

"그럼 제목도 바꿔도 돼요?"

"물론이지! 내가 쓴 글에 맞는 나만의 제목을 달아줘."

아이들은 책 표지의 제목 위에 커다란 포스트잇을 붙여 자신만의 제목을 새로 지었다. 앞표지는 물론 책등에 있는 제목까지 바꾸고, 글 작가 이름도 써넣었다. 저마다의 제목과 이야기로 완성된 책은 돌아가며 직접 읽어주기로 했다. 내가 제안하기도 전에 아이들이 먼저 외쳤다.

"이거 발표도 하는 거죠? 제 그림책은 제가 읽어줄래요! 친구들이 쓴 것도 궁금해요!"

아이들은 친구가 만든 이야기를 귀 기울여 들으며 "나랑 완전 똑같이 썼다!" 하고 공통점을 찾기도 하고, "와, 이건 반전이네." 하며 기발한 아이디어에 감탄하기도 했다. 모임이 끝난 뒤, 아이들은 자신이 만든 책을 자랑스럽게 들고 돌아갔다. 자기 이름이 적힌 책을 품에 안은 아이들의 뒷모습이 의기양양했다. 마치 개선장군같다고 할까. 그 모습에 나도 모르게 피식 웃음이 났다.

"저도 할래요!" 소문 듣고 찾아온 새 친구

그리고 일주일 뒤, 두 번째 달의 첫 모임 날. 모임 장소

앞에 처음 보는 아이와 엄마가 서 있었다. 어찌 된 영문인
지 몰라 당황하고 있던 찰나, 그 엄마가 조심스럽게 말을
건넸다.

"안녕하세요. 저희 아이가 여기서 하는 북클럽에 참여
하고 싶다고 해서요. 지우랑 같은 반 친구인데, 너무 재미
있어 보였다고 하더라고요."

함께 온 아이는 북클럽에 참여 중인 지우의 친구였다.
지난주 지우는 북클럽에서 만든 나만의 그림책을 학교에
가져가 자랑했고, 그걸 본 친구는 자신도 꼭 해보고 싶다
는 마음이 들었다고 했다. "제가 4명만 하는 거라 안 될 수
도 있다고 했는데… 그래도 꼭 가보고 싶다고 해서 같이
왔어요. 안 돼요 선생님? 은유도 같이 할 수 있어요?" 어느
새 친구 옆으로 다가와 상황을 설명하며 간절한 눈빛을 보
내는 아이를 보고, 과연 누가 안 된다고 말할 수 있을까.

맨처음 북클럽을 기획할 때 정한 적정 인원은 4명이었
다. 활동의 밀도와 아이들 사이의 상호작용을 고려하면 그
정도가 가장 안정적이라 생각했다. 하지만 친구에게 북클
럽 이야기를 자랑하며 전한 아이의 마음도, 그 이야기를
듣고 꼭 해보고 싶어 엄마 손을 잡고 찾아온 아이의 마음
도 너무 귀하고 고마웠다. 나는 정원이 다 찼기 때문에 새

친구를 받기 어렵다는 말 대신, 모임의 진행 방식과 방향을 간단히 안내한 후 오늘부터 함께해도 좋다는 답을 했다.

예상 밖의 만남, 풍성해진 북클럽

예상치 못하게 인원이 늘었지만, 아이들은 새 친구를 반갑게 맞아주었다. 북클럽은 한층 더 활기차고 풍성한 분위기로 흘러갔다. 다섯 명으로 시작한 두 번째 달에는 '용기'를 주제로 한 그림책을 함께 읽었다. 첫째 주에는 『안 내면 진다! 가위바위보』를 읽고, 각자가 직접 가위바위보 문제를 만들어 친구들과 맞혀보는 활동을 했다. 아이들은 책에 나온 콩과 도깨비, 태양과 아이스크림, 연필과 지우개 등의 아이디어를 뛰어넘는 문제로 서로를 깜짝 놀라게 하며 즐거워했다. 또 친구와 의견이 충돌해 결정을 내리기 어려울 때 가위바위보로 문제를 해결하는 방식을 비판하며, 가위바위보 말고 할 수 있는 또 다른 방법들을 제안하기도 했다.

그다음 주에는 『치마를 입어야지, 아멜리아 블루머』를 읽고 '올바른 숙녀란 어떤 사람일까?'를 고민해 보았다. 내가 입고 싶은 옷을 자유롭게 그리고, 하고 싶은 일을 적어보며 각자의 바람과 개성을 표현하고 나눴다. 이어 세 번째 주에는 『용기를 내, 비닐장갑』을 읽고 내게 용기를 주는 말과 물건을 떠올려 '용기 부적'을 만들었다. 주방용 비닐장갑을 알록달록 예쁘게 꾸미며 '나만의 용기 장갑'도 완성했다. 아이들은 말과 글, 다양한 활동을 나누며 조금씩 더 가까워졌고, 서로의 마음을 알아갔다.

아이들이 이름표 없이도 서로의 이름을 자연스럽게 부르게 되었을 때, 나는 새로운 제안을 꺼냈다. "우리 다음 주에는 친구들에게 추천하고 싶은 책을 하나씩 골라오면 어때? 최근 인상 깊게 읽은 책을 소개하고, 북클럽에서 함께 읽을 책을 투표로 정해보자."

아이들이 서로를 알아가는 동안에는 내가 고른 책으로 진행했지만, 이제는 아이들이 직접 책을 추천하고 함께 선택하는 경험을 해봤으면 했다. 책 고르기부터 참여한다면, 그 책을 읽는 마음도 훨씬 더 깊어질 수 있으니까. 아이들은 "그림책도 돼요? 동화책은요?" 하고 물었다. 나는 원하는 책은 모두 괜찮다며, 한 권만 고르기 어렵다면 두세 권 가져와도 좋다고 덧붙였다. 아이들의 생각은 이미 다음 주로 가 있는 듯했다. 아이들이 고른 책으로 펼쳐지게 될 북클럽의 다음 이야기가 기대됐다.

북클럽 적정 인원과 시간은?

북클럽을 계획할 때 가장 많이 고민되는 부분이 인원과 시간이에요. 아이들의 집중력과 참여도, 그리고 운영자의 체력까지 고려해야 하니까요. 아래 기준은 6년간의 운영 경험을 바탕으로 정리한 내용입니다. 처음 북클럽을 준비하신다면 이 기본 틀 안에서 아이들의 성향과 상황에 따라 조금씩 조절해 보세요.

모임 시간 : 1시간

아이들의 집중력과 진행자의 피로도를 고려해 1시간으로 정했어요. 특히 초등 저학년의 경우 40분 이후부터 집중력이 서서히 떨어지기 시작하므로, 그때부터는 말하기보다는 그림 그리기, 정답 맞히기, 간단한 만들기 등 손을 움직이는 활동으로 자연스럽게 전환해 주면 좋아요.

시간이 지나면서 아이들은 "조금만 더 하자!"라며 더 오래 하고 싶어했지만, 약간 아쉬운 타이밍에 마치는 게 오히려 다음 모임에 대한 기대감을 키워줍니다. 모임 시간이 너무 길면 집중이 흐트러지고 잡담이 늘어나기 때문에 짧고 밀도 있는 한 시간이 북클럽의 리듬을 잡는 데 가장 효과적이었어요.

적정 인원 : 4명

아이들의 집중도, 상호작용, 진행의 원활함을 고려했을 때 4명이 가장 안정적이었어요. 이 정도 규모면 아이들끼리의 대화가 활발하면서도, 한 명 한 명의 생각을 충분히 듣고 피드백하기에도 여유가 있답니다.

5명까지는 무난하지만, 그 이상이 되면 각자 발표할 수 있는 시간이 자연스럽게 줄어들고, 조용한 아이의 참여가 위축되거나, 진행자가 모든 아이의 이야기를 충분히 챙기기 어려워질 수 있습니다.

유동적으로 조절하기

모임의 성격이나 아이들의 연령에 따라 시간과 인원을 유연하게 조정해 보세요.

인원이 6명 이상이라면 모임 시간을 70~90분 정도로 늘리고, 대신 활동을 두 가지로 나누거나 중간에 5분 정도 쉬는 시간을 넣어도 좋아요. 아이들이 에너지가 넘칠 때는 게임이나 몸을 쓰는 활동을 잠깐 섞어 주면 효과적으로 분위기를 환기

할 수 있습니다.

처음엔 작게, 가볍게 시작하기

처음 북클럽을 시작하신다면 적은 인원, 짧은 시간으로 부담 없이 출발해 보세요. 직접 운영하며 경험이 쌓이면 아이들의 성향을 파악하고 자연스럽게 우리 모임만의 최적화된 방향을 잡을 수 있을 거예요.

5

북클럽 책은
모두 함께 골라요!

아이들은 약속대로 각자 추천하고 싶은 책을 한 권씩 가져왔다. 책상 위에는 그림책과 동화책이 다양하게 펼쳐졌다. 나는 아이들에게 활동지를 나눠주며 "이건 너희가 가지고 온 책을 소개하는 활동지야. 책 제목과 저자, 출판사 이름을 적고, 아래에 있는 다섯 가지 질문에 따라 내용을 정리해 보자. 친구들에게 책을 소개할 때는 여기에 쓴 내용을 그대로 읽으면 돼." 하고 말했다. 활동지에는 이런 질문들이 적혀 있었다.

・나는 이 책을 어떻게 알게 되었나요?

・이 책은 어떤 내용인가요? 내용을 간단히 소개해 주세요.

・이 책을 고른 이유는 무엇인가요? 추천하고 싶은 이유는?

・이 책은 어떤 친구가 읽으면 좋을까요?

・이 책을 친구들과 함께 읽는다면, 같이 해보고 싶은 활동이나
　나누고 싶은 이야기는?

　아이들은 책을 뒤적이며 한 글자씩 활동지를 채워갔다. "선생님, 창비가 출판사 이름이에요?"라고 물어본 친구 덕분에, 평소에는 주의 깊게 보지 않았던 출판사 이름에 대한 수다가 한바탕 이어졌다.

　"너무 다 알려주면 재미가 없으니까, 결정적인 내용은 빼고 소개해야겠어요!"라고 하며 어디까지 소개할지 진지하게 고민하는 친구가 있는가 하면, 책의 내용을 어떻게 소개할지 어려워하는 친구에게 "뒤표지에 있는 소개 글을 참고해 봐. 난 그거 보고 썼어." 하면서 자신만의 팁을 건네는 친구도 있었다. 아이들은 활동지를 통해 책 속으로 한 걸음 더 들어갔고, 글을 다 쓴 아이부터 차례로 책을 소개했다.

　"학교 도서관에서 조금 읽어봤는데, 재미있어서 엄마

한테 사달라고 한 책이에요.”

“이 책을 고른 이유는… 당연히 재밌어서!”

“이건 특히 고양이를 좋아하는 사람에게 추천해요.”

“같이 해보고 싶은 활동은요, 캡슐 마녀처럼 마법의 약을 만든다면 어떤 걸 만들고 싶은지 이야기해 보고 싶어요.”

모두의 책이 되는 순간, 추천의 날

아이들은 친구가 소개하는 책 이야기에 집중했고, “와 그림 너무 귀엽다!”, “재밌겠다!” 환호하며 적극적으로 반응했다. 다섯 권의 책 소개가 끝난 뒤, 나는 아이들에게 투표지를 나눠줬다. “이제 가장 읽고 싶은 책을 골라보자. 내가 추천한 책은 제외하고, 제일 먼저 읽고 싶은 책의 제목을 적는 거야.” 그런데 예상치 못한 반응이 돌아왔다.

“그럼 제가 소개한 책이 안 뽑히면 어떡해요?”

“제가 추천한 책부터 쓰고 다른 책을 고르면 안 돼요? 두 권씩 써요!”

“표를 많이 못 받으면 같이 못 읽는 거예요? 우리 그냥 다 읽으면 안 돼요?”

각자가 고른 책에 대한 애정이 뚝뚝 묻어나는 아이들의 말과 표정에 절로 웃음이 났다. 나는 서둘러 투표의 의미를 다시 설명했다. "그럼 물론이지. 오늘 추천한 책은 모두 함께 읽을 거야. 우리가 고른 책이니까! 투표는 단지 어떤 책부터 읽을지 순서를 정하는 거야. 한 권만 쓰는 게 아쉽다니 그럼 두 권까지 써도 좋아요."

아이들은 안심한 표정으로 투표지를 작성했다. 나는 그 모습을 조용히 지켜보았다. 표를 적게 받는다고 책을 함께 읽지 못하는 것은 아니었지만, 앞서 보인 아이들의 말과 표정을 떠올리니 투표 결과가 누군가에겐 작은 상처가 될 수도 있겠다는 생각이 들었다. 그래서 다섯 장의 투표지를 나만 확인한 뒤, 깜짝 놀란 눈으로 말했다. "와, 정말 놀라운 결과가 나왔어요! 모든 책이 두 표씩 동점이에요!" 그리고 새로운 제안을 덧붙였다. "우리 그림책과 동화책을 번갈아 가며 읽고, 글밥이 적은 책 순서대로 읽으면 어때? 그럼 책을 읽고 와야 하는 부담도 덜하지 않을까?"

아이들은 "좋아요!" 외치며 환호했다. 그림책을 나누는 날에는 미리 책을 읽고 올 필요 없이 북클럽에서 함께 보고, 동화책을 나누는 날에는 집에서 책을 읽어오기로 했다. 책을 읽는 방식도 자연스럽게 정해졌다. 그때, 한 친구가 손을 들었다. "선생님, 그럼 다음 주에 제가 그림책을 가져와서 읽어줘도 돼요? 제가 추천한 책은 제 책으로 제가 직접 읽어주고 싶어요."

북클럽이 시작된 지 한 달이 되었을 때 엄마 손을 잡고 찾아왔던 친구의 적극적인 제안이었다. 나는 고개를 끄덕이며 말했다. "아주 좋아! 그림책을 추천한 친구는 내가 추천한 책을 나누는 날 직접 읽어줘도 좋아요. 다만 책은 선생님이 항상 챙겨올 테니까 가져오지 않아도 되고, 책을 읽어주는 게 부담스럽거나 글이 너무 많아 힘들 땐 선생님이 읽어줄게. 각자 원하는 방식으로 자유롭게 선택하자."

북클럽의 방식은 이렇게, 아이들과의 대화 속에서 하나씩 여물어갔다.

친구가 추천한 책은 특별하다

그렇게 정해진 다섯 권의 책은 다섯 주에 걸쳐 함께 읽었다. 매주 한 권씩 돌아가며 친구가 추천한 책을 나누는 시간이 이어졌고, 아이들은 저마다 자기가 추천한 책을 나누는 날을 손꼽아 기다렸다. 하윤이가 추천한『형광 고양이』를 드디어 나누던 날, 친구들은 입을 모아 "정말 재밌었어!", "하윤이 추천도서 최고야!"라며 칭찬을 쏟아냈다. 모임 내내 어깨가 으쓱으쓱 올라간 아이는 집에 오자마자 신이 난 얼굴로 말했다.

"엄마! 나 다음에는 또 어떤 책을 추천할까? 학교 도서관에서 찾아봐야겠다. 엄마도 재밌는 책 발견하면 나한테 꼭 얘기해 줘!"

스스로 고른 책이 친구들에게 큰 호응을 얻은 경험은 책 고르기에 대한 흥미와 의지를 북돋아 주었고, 아이에게 큰 기쁨과 성취감을 안겨주었다.

아이들은 내가 고른 책만큼 친구가 추천한 책에도 깊은 관심을 보였다. 하윤이는 저학년 동화라 글의 양이 꽤 많아 마지막 순서가 된『캡슐 마녀의 수리수리 약국』을 빨리 읽고 싶다며 모임 날짜가 아직 한참 남았음에도 책을 먼저 빌려달라고 서둘렀다. 지금까지 하윤이는 동화보다는 그림책 형식의 책을 읽었던 터라 이 책을 부담스러워하지 않을까 걱정했지만 그 마음은 이내 놀라움으로 바뀌었다. 책을 빌려온 다음 날 아침, 아이는 식탁에 앉아 책을 펼쳐 읽고 있었다. 등교 준비를 하기도 빠듯한 아침 시간에 수면 잠옷을 벗지도 않은 차림으로 밥을 먹기 전부터 책을 읽는 모습이라니! 난생처음 보는 광경에 너무 놀라 어떻게 된 일인지 묻는 내게 아이는 말했다. "지우가 재미있다고 하니까 궁금해서!"

친구의 말이 지닌 힘은 놀라웠다. 친구가 추천한 책은 평소 책 읽기를 주저하던 아이의 마음을 움직였고, 자발적으로 책을 펼치게 만들었다. 강요보다 힘센 것은 함께 나누고 싶은 마음임을 이렇게 배워가며, 북클럽은 계속해서 아이들이 추천한 책 이야기로 채워졌다.

북클럽 운영 방식, 아이들과 함께 정해요!

처음부터 모든 것을 완벽하게 정해두지 않아도 괜찮아요. 책 선정, 읽는 순서, 진행 방식, 활동 내용 등은 아이들과 함께 만들어갈 수 있는 영역입니다. 아이들이 모임 운영 과정에 참여할수록 책에 대한 애정과 몰입도가 깊어지고, 북클럽을 '엄마나 선생님이 시키는 시간'이 아니라 '내가 함께 만드는 모임'으로 느끼게 됩니다.

아이들과 함께 만들어가는 북클럽

1. 시작은 '제안'으로 충분해요.

아이들에게 "어떤 책을 읽어볼까?", "이 책을 나눌 때는 어떤 활동을 하면 좋을까?"하고 먼저 제안해 보세요. 아이들은 생각보다 훨씬 창의적이고 다양한 아이디어를 냅니다.

"이제 곧 크리스마스니까 산타가 나오는 책을 모아 보면 어때요?"

"주인공처럼 커다란 종이에 그림을 그려보고 싶어요!"

"나라면 어떤 마법의 약을 만들 건지, 나만의 물약 레시피 써보기 해요."

이처럼 스스로 아이디어를 내고 선택해 보는 경험은 아이들에게 자부심과 주인의식을 길러줍니다. 자신의 제안이 다음 모임의 주제가 되거나, 친구들이 재미있게 참여하는 모습을 보며 느끼는 성취감은 북클럽 참여를 지속하게 만드는 가장 큰 원동력이 돼요.

2. 운영의 '원칙'도 함께 만들기

북클럽을 오래 이어가려면 모임의 기본 원칙이 필요해요. 예를 들어, 다음과 같은 항목을 아이들과 논의해 보세요. 아래 항목을 함께 논의하면, 아이들은 규칙을 '누가 정한 것'이 아닌 '내가 만든 약속'으로 인식하게 돼요. 아이들은 스스로 만든 약속을 훨씬 더 잘 지킵니다. 이 과정에서 책임감을 배우고, 다른 친구들의 의견을 경청하며 배려와 협동심을 자연스럽게 기르게 됩니다.

- 책을 고르는 기준(학습만화 제외하기, 가급적 도서관에서 빌릴

수 있는 책으로 하기 등)

- 발표할 때 지켜야 할 약속(말할 때는 끼어들지 않기, 친구 이야기 끝까지 듣기 등)

- 책을 읽어오는 순서(가위바위보로 정하기, 분량이 적은 책부터 읽기 등)

3. 선택지는 '열어두기'

아이들의 성향과 에너지는 모두 다릅니다. 어떤 아이는 "제가 읽을게요!"라며 적극적으로 참여하고, 또 어떤 아이는 "읽는 건 좀 부담스러워요."라며 조용히 듣기를 원하죠. 이럴 땐 각자의 속도와 성향을 존중하는 것이 중요합니다.

책을 직접 읽고 싶은 친구에게는 낭독을 맡기고, 읽기에 부담을 느끼는 친구가 있다면 진행자가 대신 읽어주는 방식으로 함께하면 됩니다. 모든 아이가 편안하게 참여할 수 있도록, 참여하는 방식의 다양성을 인정하고 참여하는 것 자체에 의미를 부여해 주세요.

4. 계획대로보다는 '유연하게'

아이들과의 모임은 계획대로 흘러가지 않을 수 있어요. 예상치 못한 질문이나 엉뚱한 아이디어로 토론이 산으로 가거나, 준비한 활동을 다 하지 못할 수도 있습니다. 이럴 땐 계획을 고집하기보다 아이들의 흐름을 따라가 보세요. 아이들의 마음에 귀 기울이며 함께 만들어가면, 정해진 틀보다 더 단단하고 즐거운 모임이 될 수 있습니다.

6

학년이 올라가도,
퐁당퐁당 그림책 북클럽

아이들이 추천한 다섯 권의 책을 모두 읽고 난 뒤, 다시 책을 고르는 시간이 돌아왔다. 이번에는 한 사람당 두 권의 책을 추천하기로 했다. 아이들은 지난번보다 훨씬 적극적인 모습으로 책을 골라 왔다. 테이블 위에는 열 권의 책이 다양하게 펼쳐졌다. 나는 첫 번째 추천의 날과 동일한 활동지를 두 장씩 나눠주며 말했다.

"이번에도 활동지의 빈칸을 채워 책을 소개해 보자. 두 권을 각각 소개하고, 두 책 중에서 더 읽고 싶은 책에 투표하는 거야."

아이들은 진지한 얼굴로 활동지를 채워나갔다. 두 책의 내용을 정리하며 "아, 나는 둘 다 좋은데! 어디에 투표하지?" 고민하는 친구가 있는가 하면, "얘들아, 내가 두 권을 갖고 오긴 했는데 이거보단 이 책이 더 재밌어. 제발 여기에 투표해 줘." 하며 발표 전부터 영업을 하는 친구도 있었다. 활동지를 다 채운 아이들은 돌아가며 책을 소개했고, 한 친구의 발표가 끝날 때마다 투표가 이어졌다. "친구가 소개한 두 권 중 더 읽고 싶은 책 제목을 적어주세요!"

투표지를 펼쳐 결과를 발표할 때마다 환호성과 탄식이 교차했다. 어떤 책은 일찌감치 표가 몰렸지만, 대부분은 2대2 동점으로 팽팽한 접전을 벌이다 마지막 한 표에서 희비가 갈렸다.

"애벌레! 애벌레!"

"아냐 아냐, 젤리! 젤리!"

당락을 결정짓는 순간, 아이들은 자기가 쓴 제목의 키워드를 외치며 몰입했다. 이보다 진심일 수 없는 눈빛으로 투표의 긴장감을 맘껏 즐겼다. 하지만 일단 결과가 정해지면, 정작 그 결과에는 크게 연연하지 않았다. 내가 투표한 책이 아쉽게 선정되지 않았더라도 곧장 선택된 책에 흥미를 보이며 읽는 순서를 정하는 데 집중했다. 선정된 책의 페이지 수를 직접 확인하고, "이건 글이 많으니까 뒤로 뒤로.", "이건 그림책이니까 먼저 읽자." 하며 자발적으로 순서를 조율했다.

고학년이 되어도 그림책을 읽는 이유

북클럽에 모인 아이들은 2학년과 3학년이었다. 학년이 올라갈수록 학교에서나 가정에서나 동화책을 주로 읽게 된다. 이번 차시에 고른 다섯 권의 책 중에서 그림책은 한 권뿐이었다. 사실 부모 중에는 아이가 2~3학년이 되면 그림책을 읽지 말라고 권유하는 경우도 심심치 않다. 하지만 나는 이 시기의 아이들에게도 계속해서 그림책을 읽어주고 싶었다. 그림책이 여전히 아이들에게 꼭 필요한 장르라고 생각했다. 한때 그림책은 유아를 위한 책이라는 인식이 있었지만, 사실 그림책은 0세부터 100세까지 누구나 즐길 수 있는 종합 예술의 영역에 가깝다. 그림책은 아이의 감성과 언어 능력, 시각적 상상력을 동시에 키워준다. 아이들은 그림 속 디테일을 관찰하고, 텍스트와 그림 사이의 숨은 의미를 찾아내며 상상력과 해석력을 자연스럽게 확장해간다.

또 그림책은 짧고 간결한 이야기 안에 삶의 중요한 주제와 감정을 밀도 있게 담아내기 때문에, 아이들이 스스로 생각을 정리하고 표현하는 데 좋은 출발점이 되어준다. 압축적인 이야기 구조 덕분에 감정 이입이 쉬워지고, 자신의 감정을 꺼내는 데에도 부담이 적다. 그림책을 함께 읽고 나면 자연스럽게 자신의 경험과 감정, 생각을 나누게 되고, 그림책은 아이들의 마음을 열어주는 따뜻한 통로이자 대화의 시작점이 된다. 나는 아이들이 고학년이 되며 두꺼운 읽기 책의 세계로 진입하더라도 그림책만이 줄 수 있는 감정의 공감과 예술적 감수성을 계속 누리길 바랐다. 그래서 아이들에게 제안했다.

"얘들아, 이번에 정한 책 중에 그림책이 하나뿐인데, 동화책을 읽는 사이사이에 선생님이 가져온 그림책을 읽는 건 어때? 한 주는 동화책, 한 주는 그림책을 번갈아 가며 읽으면 책 읽는 부담도 줄고 더 재미있을 것 같은데."

아이들은 "좋아요!", "매주 책 읽고 오기는 힘들어요. 쉬는 주도 필요해요!" 하며 환하게 웃었다. 그리고 6학년

언니가 되어 초등학교를 졸업하는 날까지, 우리는 그렇게 책을 나누었다. 학년이 올라가고 숙제가 많아져도, 학원 시간이 길어져도, 그림책을 읽는 날은 부담 없이 참여할 수 있는 날로 아이들 일상의 작은 쉼표가 되어주었다.

이야기 위에서 함께 자라나는 아이들

무궁무진한 그림책의 세계는 우리에게 매번 다채로운 시간을 선물했다. 귀엽고 사랑스러운 그림책을 가볍게 나누는 날도 있었고, 0세부터 100세까지의 인생을 100장의 그림으로 담아낸 『100 인생 그림책』을 함께 읽으며 삶의 흐름에 관해 이야기 나눈 날도 있었다. 대부분은 한 권의 책을 읽고 나눴지만, 때로는 두 권의 책을 엮어 읽기도 했다. 거북이가 느리다고 얕보다가 경주에 진 토끼 이야기를 새롭게 쓴 유설화 작가의 『슈퍼 토끼』와 『슈퍼 거북』을 함께 읽은 날, 아이들은 두 주인공 중 누구에게 더 마음이 가는지 이야기하고, 느긋한 삶과 빠른 삶의 장단점에 대해 나눴다. 하윤이는 활동지에 "느리게 살지도 말고, 빠르게 살지도 말자"라는 명언을 남겨 모두의 웃음을 자아냈다.

아이들의 요청으로 1년에 한두 번은 글 없는 그림책에 글을 붙여 나만의 책을 만드는 활동도 했다. 크리스마스, 여름 방학처럼 특별한 날에는 그날을 주제로 한 그림책을 읽고 과자 파티를 하며 분위기를 더했다.

"다음 주는 크리스마스니까 빨간색 옷이나 산타 모자 쓰고 오자!"

"좋아! 나는 산타 모자는 없는데 루돌프 머리띠가 있어. 그거 쓰고 올게."

아이들의 제안으로 드레스 코드까지 맞춰 모인 날, 한 친구는 산타 모자에 수염까지 쓰고 나타나 "허허허, 메리 크리스마스!" 하며 친구들에게 과자를 나눠줘 모두가 깔깔 웃었다. 그날 우리는 그림책『산타 할머니』를 읽었는데, '아이들을 사랑하는 건강한 어른 남녀 모두'라는 산타 모집 문구를 본 아이들이 손을 번쩍 들고 말했다.

"왜 어른만 산타가 될 수 있어요? 우리도 할 수 있는데요!"

"어린이 산타가 아이들이 좋아하는 걸 더 잘 알 수 있어요!"

"어른만 산타를 할 수 있다고 생각하는 것도 차별이라는 점을 오늘 산타로 변신한 제가 주장합니다!"

아이들의 말은 남성과 여성의 차별에만 주목하던 나의 시선을 한층 더 넓혀 주었다. 아이들은 자신이 산타가 된다면 어떤 아이에게 어떤 선물을 주고 싶은지에 대해 활발하게 이야기 나누었고, 다음 해의 크리스마스에는 어린이 산타가 되어 서로가 서로에게 작은 선물을 준비해 나누었다.

아이들이 기다리고 기다리던 여름 방학이 오면, 이소영 작가의『여름』, 안녕달 작가의『할머니의 여름휴가』같은 그림책을 읽고 올여름 꼭 하고 싶은 일을 적으며 계획표를 만들어 보기도 했다. 한 봉지씩 준비해 온 과자를 뜯어 테이블 한가운데에 펼쳐 놓고, 재미있는 그림책 한 권을 함께 읽으면 그보다 신나고 맛있는 파티가 없었다.

그림책은 주로 내가 골라갔고, 아이들은 주로 동화책을 추천했다. 하지만 그림책과 동화 말고 다른 종류의 책도 북클럽에서 함께 읽었다. 종종 아이들이 추천한 책이 내 예상을 뛰어넘기도 했다. 2020 앙굴렘 만화축제에서 최고상을 받은 160쪽 분량의 그래픽노블『베르메유의 숲』을 추천한 친구도 있었고, 대만 작가 라이놀이 그린 어른을 위한 일러스트 동화『날고 싶은 아기 펭귄 보보』를 소개한 친구도 있었다. 인스타툰으로 화제를 모아 책으로 출간된『호찌냥찌 새로운 이야기』를 함께 읽은 날에는 일곱 고양이의 귀여운 일상과 호랑이 삼촌의 다정한 모습에 모두가 사로잡혔다.

때로는 "재미없어요! 별로예요." 같은 혹평이 나오기도 하고, 주인공과 함께 울기도 했지만, 대부분은 초롱초롱한 눈으로 그림책을 마주하며 깔깔 웃었다. 함께 읽고 나눈 그림책이 쌓여갈수록, 우리만의 추억도 그만큼 깊어졌다. 우리는 감정을 나누는 법과 다른 시선을 이해하는 법, 말보다 깊은 공감을 배우며 조금씩 성장했다. 그림책을 함께 읽는 시간 속에서 우리는 나답게, 그리고 함께 자라났다.

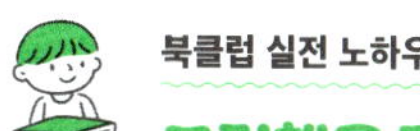

그림책을 깊이 이해하도록 돕는 활동

그림책은 짧지만 밀도 높은 이야기와 강렬한 그림으로 아이들의 생각과 대화를 깊게 확장할 수 있는 훌륭한 도구랍니다. 아래 방법들을 참고해 고학년 아이들과도 의미 있는 그림책 시간을 만들어 보세요.

1. 무거운 주제를 그림책으로 먼저 만나요

그림책은 죽음, 인권, 전쟁, 역사 등 아이들에게 다소 어렵고 무거울 수 있는 주제도 짧고 깊이있게 담아냅니다. 다루고 싶은 주제 뒤에 '그림책'을 붙여 검색해 보세요. 예를 들어, '인권 그림책', '전쟁 그림책' 같은 키워드를 입력하면 좋은 책을 쉽게 찾을 수 있습니다. 이렇게 찾은 그림책을 함께 읽으며 아이들의 생각을 확장하고, 보다 깊이 있는 대화를 열어보세요.

• 죽음

『무릎딱지』(샤를로트 문드리크 글, 올리비에 탈레크 그림, 이경혜 옮김, 한울림어린이, 2010)

사랑하는 존재를 잃은 아이가 기억과 회복을 배워 가는 과
정을 따뜻하게 담은 그림책.

· 인권

「우리 가족 인권 선언 세트」(엘리자베스 브라미 글, 에스텔 비용
스파뇰 그림, 박정연 옮김, 노란돼지, 2018)

『아빠/ 엄마/ 딸/ 아들 인권 선언』 네 권으로 구성된 시리즈
로, 가족 구성원 각자의 자리에서 자유와 존중의 의미를 다룬
그림책.

· 전쟁

『적』(다비드 칼리 글, 세르주 블로크 그림, 안수연 옮김, 문학동네,
2008)

전쟁을 '적과 아군'의 단순한 구도로 보지 않고, 이분법 뒤
에 숨은 허구와 인간성 회복의 가능성을 보여주는 작품.

· 역사

『산딸기 크림봉봉』(에밀리 젠킨스 글, 소피 블랙올 그림, 길상효 옮
김, 씨드북, 2016)

디저트 '크림봉봉'을 통해 4세기에 걸친 생활사의 변천을

보여 주며, 시간과 역사, 변하지 않는 인간의 가치를 맛으로 느끼게 하는 맛있는 그림책.

2. 비교 분석으로 사고력 확장하기

두 권 이상의 그림책을 함께 읽고 비교하는 활동은 아이들의 분석적 사고력을 키워줍니다.

・같은 이야기, 다른 시선

『슈퍼 거북』과 『슈퍼 토끼』처럼 한 작가가 같은 이야기를 다른 인물의 시점으로 풀어낸 책을 읽고, 두 인물의 가치관, 행동, 이유와 결과 등을 비교해 보세요.

・같은 주제, 다른 그림책

『수박 수영장』과 『달밤 수영장』처럼 같은 소재를 다룬 그림책을 읽고, 두 책의 공통점과 차이점을 찾아보는 것도 좋은 활동입니다.

3. 아이들과 함께한 비교 분석 활동지 사례

비교 활동에서는 비교 기준을 세우는 것이 중요합니다. 처음에는 등장인물, 배경, 분위기 등 구체적인 기준을 제시해 줍니다. 『달밤 수영장』과 『수박 수영장』은 수영장이라는 소재는 같지만 차이점이 분명하지요. 그 차이를 찾아보는 활동입니다. 말로 한 두 가지 예시만 들면 아이들이 금세 자신의 기준을 만들어요. 하윤이는 아래처럼 했어요.

• 두 그림책의 차이점은 무엇인지, 기준에 따라 찾아보아요.(리더가 기준을 제시해도 좋아요)

기준	달밤 수영장	수박 수영장
주인공	동물이 주인공	사람이 주인공
수영장 개장시간	밤 12시 ~ 사람이 깨기 전	낮 ~ 해지기 전 사람들이 갈 때까지
수영장을 만드는 재료	빨래통	수박
먹을 것	먹는 것 없음	먹는 것 있음

아이가 스스로 비교 기준을 만들고 분석하면 단순한 감상을 넘어 사고력·관찰력·표현력을 확장하는 깊은 독서를 경험할 수 있어요. 비교 후에는 아래처럼 선택하고 창작하도록 이끌어요.

• 나에게 어떤 책이 더 다가오나요? 선택한 이유를 적고, 이 그림
책을 소개하는 말이나 특징을 해시태그로 표현해 주세요.

• 내가 '수영장'을 주제로 그림책을 쓴다면, 어떤 수영장을 만들고
싶나요? 내가 가고 싶은 수영장을 상상해 보세요.

7

딱 한 번 쓰고 마는 활동지를
매주 만든 이유

아이들과 북클럽을 하는 내내 나는 매주 두 장의 활동지를 만들었다. 활동지는 딱 한 번 쓰고 나면 끝이지만, 그걸 만드는 데에는 생각보다 꽤 많은 공을 필요로 했다. 일주일은 언제나 빠르게 지나갔고, 준비가 늦어져 모임 당일 오후까지 컴퓨터 앞에 앉아 있던 날도 있었다. 매번 새로운 활동지를 만드는 일은 결코 쉬운 일이 아니었다. 하지만 더 알찬 북클럽의 진행을 위해 나는 활동지를 계속해서 만들 수밖에 없었다.

활동지가 필요한 이유

사실 처음 모임을 시작할 때만 해도 활동지는 잠시 필요한 단기 준비물이라고 생각했다. 모임 초기에 활동지를 준비한 이유는 자기 생각을 바로 말로 표현하기 어려워하는 친구들을 위한 배려였다. 내 생각을 어디서부터 어떻게 꺼내야 할지 몰라 망설이는 친구들에게 찬찬히 생각할 시간을 주고, 말보다 글이 편한 아이들에게는 발표 부담을 덜어주고 싶었다. 활동지에 정리한 내용을 보며 그대로 읽을 수 있게 하면 발표에 대한 심리적 부담이 한결 줄어들기 때문이다.

하지만 모임을 진행해 보니 활동지는 말문을 여는 도구 그 이상이었다. 중간에 한두 번 활동지 없이 모임을 진행해 보니 그 차이가 더 뚜렷하게 드러났다. 활동지가 있는 모임의 경우 활동지에 제시된 질문이나 활동은 대화의 기준점이 되어줬다. 책의 핵심 주제에서 벗어나지 않으면서 자연스럽게 대화를 이끌 수 있었고, 이야기의 흐름이 정돈되면서 모임의 집중도도 높아졌다. 반면 활동지가 없을 땐 대화가 자주 주제에서 벗어나 산만해지기 쉬웠다. 한 친구가 엉뚱한 방향으로 이야기를 하기 시작하면 금세 책과 동떨어진 이야기로 흘러가곤 했다.

산으로 가는 이야기를 수시로 조율하고, 한 친구의 긴 발언을 기분 상하지 않게 중단시키는 일은 꽤 많은 에너지를 요구했다. 처음엔 활동지를 만들지 않으면 준비 시간이 줄어들어 쉬울 거라 생각했지만, 웬걸? 모임을 진행하는 데 드는 에너지가 훨씬 더 컸다. 활동지가 있는 모임은 활동지 자체가 진행의 틀을 잡아주었기 때문에, 아이들의 발언이나 흐름을 정돈하기가 훨씬 수월했다. 활동지를 만드는 데 시간과 정성이 들긴 했지만, 그만큼 진행의 부담은 줄고 모임은 더 안정감 있게 흘러갔다.

"활동지가 재밌어요!" 아이들이 느낀 효과

활동지의 필요성을 느낀 건 나뿐만이 아니었다. 아이들 역시 활동지 없는 모임을 몇 번 경험한 뒤 "선생님, 오늘은 활동지 없어요?", "활동지 있는 게 더 좋아요!"라고 말하며 활동지의 장점을 직접 느꼈다. 아이들이 말한 장점은 '집중'이었다. 활동지에 글을 쓰면서 생각할 시간을 가질 때, 할 말이 더 잘 떠오르고 '재미있다'고 했다. '재미? 질문에 답을 쓰는 게 재미있다고?' 예상치 못한 반응에 놀라

"활동지가 재밌어?" 하고 되물으니, 아이들이 대답했다.

"네! 재밌어요. 여기는 학원이 아니니까 편하게 그냥 막 써도 되고. 그림 그리고, 퀴즈도 하고, 글쓰기도 재밌어요. 다른 친구들이 뭐라고 썼는지 듣는 것도 재밌고요."

생각해 보니 우리에게 활동지는 늘 자유로운 연습장이었다. 나는 활동지에 정답이 있는 질문을 넣지 않았고, 활동지는 내 생각을 꺼내 보고 자유롭게 끄적이는 공간이라고 소개했다. 학년이 올라갈수록 질문에 답하고 글을 쓰는 활동이 많아졌지만, 저학년 시기에는 그림이나 퀴즈 등 다양한 방식으로 활용했다. 글쓰기를 할 때도 활동지에 쓴 글을 따로 첨삭하거나, 맞춤법이나 띄어쓰기를 지적하지 않았다. 정확하게 잘 쓰는 것보다, 자유롭게 내 생각을 꺼내 보는 데 집중하도록 했다. 이런 분위기 속에서 아이들은 활동지를 어려운 과제가 아닌 자기 표현의 방식으로 받아들였던 것 같다. 글을 쓰는 행위 자체를 즐기고, 친구들의 생각을 듣는 과정도 흥미롭게 느꼈다. 잘해야 한다는 부담이나 비교와 평가 없이 자기 생각을 맘껏 나눌 수 있는 시간. 그 자유로움이 활동지를 '재미있는 것'으로 만들어 주었는지도 모른다.

아이들은 활동지를 학교 숙제에도 적극 활용했다. 북

클럽 활동지에 쓴 내용을 참고하면 독서감상문이 훨씬 쉽게 써진다며 "저 학교 숙제는 항상 북클럽에서 같이 읽은 책만 써요. 이번에도 선생님이 너무 잘 썼다고 칭찬해 주셨어요!" 하고 기분 좋게 자랑하곤 했다. 북클럽을 함께하며 글을 잘 쓰는 아이로 칭찬받는 일이 많아졌다는 것이었다. 하윤이 역시 그중 한 명으로, 독서 일기를 쓸 때마다 북클럽 활동지를 챙겨갔다. 함께 나눈 이야기와 활동지에 적어둔 생각을 바탕으로 일기를 쓰면 글이 술술 써진다고 했다. 담임 선생님의 칭찬은 자연스럽게 따라오는 선물이었다.

아이들은 자유로운 글쓰기를 통해 쓰기의 즐거움을 경험했고, 그렇게 쌓인 시간은 자연스럽게 글쓰기 실력 향상으로 이어졌다. 자리에 앉으면 일단 활동지부터 넘겨보며 "먼저 쓰고 있으면 안 돼요? 빨리 쓰고 싶어요!" 애걸하는 아이들의 모습을 보며 활동지 만들기를 멈출 수는 없었다.

함께 완성해 가는 공간으로

물론 활동지가 가진 한계도 있다. 매번 운영자가 준비

한 질문과 활동 중심으로 진행하다 보면, 모임의 흐름이 한 사람의 시선으로만 흘러갈 수 있다. 같은 책을 읽었다 하더라도, 각자 궁금해하는 지점이나 함께 나누고 싶은 이야기는 다를 수밖에 없다. 그리고 그런 다양한 시각이 모임을 더욱 풍성하게 만들어 준다. 그래서 나는 어느 시점부터 활동지의 마지막에 '내가 던지고 싶은 질문, 함께 나누고 싶은 이야기' 칸을 따로 마련해 두었다.

내가 더 하고 싶은 질문, 함께 나눌 이야기

Q. _______________________________________

A. _______________________________________

Q. _______________________________________

A. _______________________________________

아이들 수만큼의 Q와 A가 쌓여 있는 이 공간은 첫 번째 Q에 내가 만든 질문과 A에 내 답을 적고, 그 뒤로는 친구들이 만든 질문과 그에 대한 답을 하나씩 채워 넣는 방식으로 활용했다. 아이들은 내가 미처 생각하지 못한 질문을 던졌고, 그 질문 하나하나가 이야기의 폭을 더 넓고 깊게 만들어 주었다.

서로의 질문에 귀 기울이고, 함께 답을 나누는 과정 속에서 활동지는 더 이상 내가 혼자 만드는 준비물이 아니었다. 그렇게 활동지는 우리 모두의 질문과 생각으로 채워지는 대화의 장이자 우리의 시간을 담은 소중한 기록이 되었다.

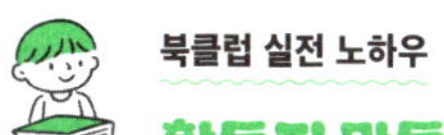

활동지 만들기, 이렇게 시작하세요!

활동지 만들기가 처음이라면 아이의 연령과 모임 시간을 기준으로 가볍게 시작해 보세요. 너무 많은 내용을 담으려 하기보다, 아이들이 즐겁게 참여하며 책에 대한 생각을 자유롭게 나눌 수 있는 분량으로 구성하는 것이 좋습니다. 이 책의 4부 4장 〈활동지는 어떻게 만드나요?〉에는 활동지에 어떤 질문을 넣으면 좋을지 유형별로 자세히 정리한 내용이 실려 있습니다. 다양한 질문 예시가 담겨 있으니, 아래의 기본 운영안을 토대로 참고하여 활용해 보세요.

1. 활동지 구성

저학년(2~4학년)

저학년 아이들의 집중 시간과 흥미를 고려해 총 2장 구성이 적당합니다.

- 첫 번째 장(질문과 생각 나누기)

- 책의 내용을 이해하고 자신의 생각을 정리할 수 있는 질문 2~3개를 핵심적으로 담습니다.

- 질문은 구체적인 정답보다는 아이의 느낌, 상상, 경험을 묻는 것이 좋습니다.(예: "만약 내가 주인공이라면 어떻게 했을까?", "가장 기억에 남는 장면은 무엇이고 왜 그럴까?")

- 두 번째 장(놀이형 표현 활동)

- 아이들이 지루함을 느끼지 않도록 그림으로 표현하기, 짧은 글쓰기, 퀴즈 같은 놀이형 활동을 담는 것이 효과적입니다.

- 쓰는 활동에 부담을 느끼는 아이들을 위해 스티커 붙이기, OX 퀴즈, 빈칸 채우기 등의 요소를 활용해도 좋습니다.

고학년(5~6학년)

고학년의 경우에도 총 2장 구성을 유지하되, 사고의 확장과 논리적 표현력을 키울 수 있는 활동을 중심으로 설계해 보세요.

- 글로 표현하는 활동의 비중을 높입니다.

- 질문과 짧은 글쓰기 과제를 합해 총 7~8개의 항목이 적당합니다.

- 단순한 내용 확인 질문보다는, 책 속 인물의 감정 분석, 주제에 대한 자신의 의견 쓰기, 책 내용과 관련된 사회적 이슈에 대한 찬반 토론형 문항 등 조금 더 깊이 있는 사고를 요구하는 질문을 포함해 보세요.

2. 질문 만들기의 핵심 Tip!

질문은 아이들의 적극적인 참여를 이끌어내는 열쇠입니다.

- 너무 어렵거나 정답을 요구하는 질문은 피하세요. 무엇을 써도 틀리지 않는 질문이 아이들의 생각을 자유롭게 표현하게 하고 주도적인 참여를 유도합니다. "왜 그렇게 생각하니?" 같은 질문을 통해 아이의 생각 과정을 묻는 것이 중요합니다.

- 책의 내용을 자신의 삶과 연결 짓는 질문(예: "주인공의 행동 중 본받고 싶은 부분이 있다면?", "나도 비슷한 경험이 있었을까?")은 독서의 의미를 확장하는 데 큰 도움이 됩니다.

북클럽으로 자라나는 아이들

1

목요일의 기적,
우리 아이가 달라졌어요

모임이 거듭될수록 발표를 향한 아이들의 열정이 불타올랐다. 내가 "누가 먼저 발표해 볼까?" 하고 묻기도 전에 아이들은 "제가 먼저 발표할게요!" 하고 손을 들었다. 친구의 발표를 듣는 동안에도 "다음은 나야!" 하며 손을 든 채 기다렸다. 처음에는 활동지를 가장 먼저 채운 친구가 발표의 기회를 얻는 분위기였다. 답을 다 쓰고 손을 드는 아이가 첫 번째 발표자가 되었고, 다른 아이들도 순서대로 이어 발표를 했다. 그런데 점점 흐름이 바뀌기 시작했다. 활동지의 답을 다 쓰기도 전에 "발표는 제가 먼저 할게요!” 외치며 손부터 드는 아이들이 늘어났다. 어느새 발표 순서를 정하는 일이 발표 자체만큼이나 중요한 일이 되었다.

아이들이 만든 순서 정하기 게임

그러던 어느 순간부터는 질문을 다 읽기도 전에 아이들 사이에서 “1빠!”, “2빠!”, “3빠”, “4빠!” 하며 눈치 게임처럼 선착순으로 순서를 외치는 놀이가 시작됐다. 동시에 같은 숫자를 외치는 친구가 생기면, 누가 뭐라 할 것도 없이 바로 가위바위보를 해서 순서를 정했다. 나는 번개처럼 지나가는 속도에 매번 달라지는 발표 순서를 제대로 파악할 수도 없었지만, 아이들은 자기 발표 순서를 늘 정확하게 기억했다. 아이들끼리 자연스럽게 만든 규칙에 따라 나는 발표할 친구의 이름을 부르는 대신 “누가 첫 번째였지?”, “자, 그럼 다음 순서인 친구?” 하며 모임을 진행했다. 어느새 아이들에게 발표는 부담스럽거나 해야 하는 일이 아니었다. 빨리 하고 싶은 일이자, 재미있는 놀이가 되었다.

그중에서도 특히 놀라웠던 건 하윤이의 변화였다. 아

이는 유치원에 다니는 내내 입도 뻥끗하지 않았고, 학교에서도 먼저 손을 들어 발표하는 일이 없었다. 선생님이 지목해도 고개만 끄덕이거나 곤란한 표정을 짓기 일쑤였던 하윤이는 북클럽 초반에도 주로 적극적인 친구들의 발표를 조용히 지켜보는 편이었다. 순서 외치기 놀이가 처음 시작됐을 땐, 마지막에 남은 번호를 자연스럽게 말하는 경우가 대부분이었다.

하지만 몇 주가 지나자 조금씩 달라지기 시작했다. 친구의 발표를 듣던 중 손을 번쩍 들고 "어! 저도 비슷한 일이 있었는데, 친구 발표 다 끝나고 말해도 돼요?" 하고 물어보기도 하고, 점점 더 큰 목소리로 먼저 숫자를 외치며 순서 정하기 놀이에 참여했다. 아이는 주로 두 번째나 세 번째 순서를 선호했는데, 어느 날엔 질문을 읽기도 전에 큰 소리로 "1빠!" 하며 외쳤다. 북클럽을 시작한 이후 처음 보는 모습이었다.

추천한 책이 선물한 자신감

"엄마, 나는 목요일이 제일 좋아! 왜냐면 북클럽 하는 날이니까!"

아이는 목요일 아침마다 오늘이 일주일 중 가장 행복한 날이라며 북클럽 시간을 손꼽아 기다렸다. 북클럽에서 선정된 책은 여행을 갈 때도 꼭 챙겼고, 산소리 한마디 없이도 틈틈이 책을 펼쳐 읽었다. 물론 독서량이 폭발적으로 늘어난 건 아니었지만, 친구들에게 어떤 책을 추천할지 고민하며 도서 정보를 찾아보는 일엔 열심을 기울였다. 매번 신중하게 고민하고, 설레는 마음으로 추천 도서를 정했다.

그림이 귀엽고 내용이 재미있어 골랐다는 두 번째 추천도서『우당탕탕 야옹이와 바다 끝 괴물』을 나눈 날, 아이들은 말썽꾸러기 야옹이들의 매력에 환호하며 하윤이에게 엄지 척을 날려주었다. 친구들의 요청으로 몇 주 동안 우당탕탕 야옹이 그림책 시리즈를 이어서 읽을 정도로 열기가 뜨거웠다. 그리고 세 달 뒤 찾아온 또 다른 추천의 날, 하윤이는 학교 도서관에서 읽고 반해 직접 구입한『밤의 교실』을 소개했다. 김규아 작가의 이 책 역시 큰 호응을 얻었다.

"하윤아, 이 책 진짜 대박이었어! 나도 엄마한테 사달라고 해서 샀잖아. 소장 각!"

"우리 반 친구가 이거 보고 궁금해해서 내가 빌려줬거

든? 근데 너무 재밌었다고, 완전 자기 스타일이라면서 나한테 막 고맙데. 하윤이 덕분에 내가 아주 뿌듯했어!”

추천한 책이 환영받는 경험이 반복되며 아이는 점점 더 자신감을 얻었다. 자연스럽게 친구들과의 관계도 가까워졌고, 북클럽 친구들과 주말에 따로 만나 놀기도 하며 서로 다른 학교에 다니는 아이들과의 우정도 넓혀 갔다. 학년 전체가 40여 명뿐인 작은 학교에서 다양한 친구를 만나기 어려웠던 현실이, 책을 매개로 조금씩 바뀌어 갔다.

두 얼굴의 아이, 목요일의 기적

새 친구들과 북클럽을 시작한 지 1년이 넘었을 무렵, 모임 중 정수기에 물을 뜨러 가던 하윤이가 갑자기 친구들 앞에서 춤을 췄다. 이보다 개구질 수 없는 표정으로 “훌라훌라, 훌라훌라” 엉덩이를 씰룩였다. 처음 보는 아이 모습에 깜짝 놀라 눈만 동그랗게 뜬 나와 달리, 친구들은 의자에 앉은 채 상체를 흔들며 자연스럽게 화답했다.

“헐, 하윤아. 너 지금 뭐 하는 거야? 네가 친구들 앞에서 춤도 추는 아이였어?”

모임 중이라는 사실도 잊고 100% 엄마 모드로 터져 나온 말에 아이들이 대신 대답했다.

"하윤이 원래 춤 잘 춰요! 우리 앞에서는 자주 췄는데, 하윤이가 두 얼굴이라 그렇대요. 얌전한 하윤이랑 활발한 하윤이가 따로 있거든요."

"맞아, 학교에선 절대 안 이러지. 히히."

아이는 친구들 말에 맞장구를 치며 다시 엉덩이를 흔들었다. 내 아이 안에 이렇게 빛나는 모습이 있었다니, 마음 한구석이 뜨겁게 울컥했다. 목요일이 기다려지는 건 아이만이 아니었다. 나 역시 아이의 또 다른 모습을 볼 수 있는 목요일을 기다렸다. 책과 친구, 그리고 기다림이 만든 목요일의 기적. 아이의 변화를 지켜보는 일은 축복이었다. 그 무엇도 더 바랄 게 없었다.

발표 시간을 더 즐겁게 만드는 법

발표는 잘해야 하는 과제가 아니라 함께 즐기는 놀이가 될 수 있어요. 아이들이 부담 없이 참여하고, 서로의 이야기에 귀 기울이며 즐겁게 소통할 수 있도록 간단한 규칙을 함께 만들어 보세요. 작은 약속 하나가 발표 시간을 더욱 활기차고 의미 있게 만들어 줍니다.

1. 발표 순서는 놀이처럼 정하기

발표를 부담스러워하거나 쑥스러워하는 아이도 순서를 정하는 놀이에는 자연스럽게 참여할 수 있어요. 발표 순서를 정하는 순간부터 웃음이 터지면, 분위기가 한결 부드러워집니다.

- **다양한 방법 활용하기** : "1!", "2!"를 외치는 눈치 게임이나 가위바위보로 순서를 정하면, 예측할 수 없는 재미 속에서 아이들이 한층 적극적으로 참여합니다.
- **재미있는 도구 사용하기** : 주사위를 던져 나온 숫자대로 발표 순서를 정하거나, 이름이 적힌 미니 카드를 뽑는 방식도

좋아요. 작은 도구 하나만으로도 긴장감이 낮아지고 자연
스러운 웃음이 흘러나옵니다.

2. 친구 발표에 집중하기

자신의 생각을 발표하는 것도 중요하지만, 친구의 발표를
놓치지 않고 경청하는 것 역시 매우 중요한 학습입니다. 함께
이야기 나누는 시간을 통해 상대방을 존중하는 법을 배울 수
있어요.

- **집중 신호 만들기** : 친구가 발표할 때는 '경청하는 포즈'를
  하며 '지금은 집중할 시간'이라는 신호를 함께 약속해 보
  세요.
- **발표 후 피드백 나누기** : 발표가 끝나면 "가장 인상 깊었던 부
  분이 무엇이었는지", "어떤 생각에 공감했는지" 등을 가볍
  게 나누는 시간을 가지세요. 친구의 작품에 대한 의견을
  포스트잇에 짧게 적어 전달하거나 '좋아요 스티커'를 붙
  이는 방식으로 표현해 볼 수도 있습니다.
- **비언어적 리액션 유도하기** : 눈 맞추기, 고개 끄덕이기, 미소
  짓기 등의 비언어적 리액션도 훌륭한 참여입니다. 발표하
  는 친구를 바라보며 이야기를 듣는 태도를 자연스럽게 유

도하여 집중력을 높이고, 발표자가 존중받고 있다는 느낌을 가질 수 있도록 도와주세요.

3. 끼어들고 싶을 땐 손 들고 신호 보내기

말하고 싶은 마음이 앞서 친구의 말을 끊거나 동시에 이야기하면 발표의 흐름이 깨지고 분위기가 흐트러지기 쉬워요. 서로의 발언을 존중할 수 있도록 '손들기 신호'를 약속해 보세요.

- **신호 보내기** : 친구가 이야기하고 있을 때 중간에 끼어들고 싶다면, 반드시 손을 들어 신호를 보내게 해주세요.
- **차례 지키기** : 발표하는 친구의 말을 끝까지 다 들은 뒤 손을 든 순서대로 차례를 주며 의견을 나누게 합니다. 이 과정을 통해 아이들은 기다림을 배우고, 자신의 발언권이 존중받고 있다는 신뢰를 갖게 됩니다.
- **진행자의 역할** : 진행자가 먼저 아이들의 발표를 주의 깊게 듣고 존중하는 태도를 보여주면, 아이들도 이를 자연스럽게 따라 배우게 됩니다.

2

책장을 덮은 뒤 생겨난
우리만의 언어

아이들과 그림책을 읽다 보면, 종종 놀라운 일이 일어난다. 아이들은 좀 어렵진 않을까 걱정했던 책을 너무도 재미있게 읽고, 오히려 더 깊은 질문을 던지거나 책 속 문장을 그대로 자기 말처럼 쓰곤 한다. 책에 대한 내 생각이나 예측은 아이들의 반응과 자주 어긋났다. 아이들은 훨씬 더 유연하고 열린 감각으로 책을 받아들였다. 나는 그 예측 불가능함 속에서 매번 배우고, 또 짜릿한 즐거움을 느꼈다. 그 어떤 영화보다도 강렬한 반전의 묘미가 이 모임을 계속하게 만들었다.

아이들이 찾아낸 우리만의 문장

한 살 어린 동생의 추천으로 『아름다운 실수』를 함께 읽은 날도 그랬다. 아이들은 예상하지 못한 반응으로 나를 당황스럽게 만들었다. 볼로냐 라가치 상을 수상한 이 그림책은 가장 큰 실수조차 위대한 아이디어의 출발점이 될 수 있음을 보여준다. 책은 처음부터 끝까지 '실수'로 시작된 그림들을 예기치 못한 방식으로 바꿔 가며 놀랍도록 멋진 작품으로 완성해 낸다. 실수는 감추거나 부끄러워해야 할 일이 아니라 오히려 '아름다움'이 시작되는 지점이 될 수 있다는 것을 보여주는 것이다. 그래서 나는 활동지에 "실수하면 어떤 느낌이나 생각이 떠오르나요? 그림책을 읽기 전과 후, 달라진 점이 있나요?"라는 질문을 적었다.

아이들의 반응은 뜻밖이었다. 책을 읽기 전, "힘들다.", "짜증난다."라고 대답한 아이들은 책을 읽은 뒤에도 "똑같이 힘들다.", "달라진 건 없다."하고 딱 잘라 말했다. 그림책의 그림에도 시큰둥한 반응을 보였다. 물론 활동 시간에는 내가 겪었던 실수와 그때의 감정을 나누기도 하고, '과거의 나' 혹은 '지금 실수를 해서 속상해하고 있는 친구'에게 격려의 편지를 쓰는 활동도 했다. 아이들은 "괜찮아, 실수는 누구나 할 수 있는 거야.”, “내가 도와줄 수 있으면 도와줄게.”, “나도 실수를 많이 했어.” 같은 문장을 쓰고 나눴지만, 나는 여전히 ‘이 책의 메시지가 마음에 닿지 않았나?’ 하는 의문을 품은 채 모임을 마쳐야 했다. 슬그머니 실망감이 올라왔다.

그런데 바로 다음 주, 예상치 못한 반전이 일어났다. 활동지를 쓰던 중 누군가 “지우개 있는 사람? 나 지우개 좀 빌려줘.” 하고 말하자, 옆에 있던 아이가 바로 말했다.

“오잇? 너 아름다운 실수를 했나 보구나! 아름다운 실~수!”

아이들은 그 말에 웃으며 장단을 맞췄고, 그날 이후 ‘아름다운 실수’는 활동지를 쓰다 틀린 글자를 고칠 때마다 자연스럽게 흥얼거리는 말이 되었다. 말끝에 억양을 넣고, 노래처럼 흥얼거리며, 나와 친구의 실수를 웃으며 위로하는 우리만의 방식이자 암호가 된 것이다.

책 속 문장이 우리만의 말이 되기까지

우리만의 말이 탄생한 지 3개월쯤 지났을 무렵, 우리는 또 한 권의 독특한 그림책을 펼쳤다. 앞뒤로 두 개의 이야기가 담긴 『행운을 찾아서』였다. 이 책은 너무도 다른 성향의 두 주인공이 각기 같은 여행지를 향해 떠나면서 벌어지는 이야기를 담고 있다. 책 앞에서는 행운 씨의 여행이, 반대편에서는 불운 씨의 여행이 펼쳐진다. 책 곳곳에는 두 사람을 연결해 주는 단서들이 숨은그림찾기처럼 숨어 있어, 깨알 같은 연결 고리를 발견하는 재미가 있다. 하지만 아이들에게는 복잡한 구성이 다소 어렵게 느껴지진 않을까 걱정이 앞섰다. 철학적인 주제와 상징성도 많아 '이건 어른들이 더 좋아할 책 아닐까?' 생각하며 책장을 펼쳤다.

하지만 예상은 또다시 빗나갔다. 성인 그림책 모임에서 이 책을 읽었을 때보다 훨씬 활발한 토론이 이어졌다. 아이들은 추리 게임을 하듯 열광하며 책을 읽었다. 어른들이 놓친 힌트를 더 많이 발견했고, 이야기의 구조를 스스로 해석해 갔다. 책을 다 읽고 나서는 "요즘 나는 행운이 가득한 사람이었나요, 불운이 가득한 사람이었나요? 최근 내가 겪었던 행운과 불운을 나눠보아요."라고 물었다. 아이들은 "퍼센트로 써도 돼요?" 묻더니, 요즘 나의 감정을 수치로 표현하기 시작했다.

"요즘 저는 행운 20%, 그냥 오케이 30%, 불운 40%, 숙제가 힘들어서 화남 5%, 슬픔 5%예요. 원래는 숙제 때문에 슬픔이 25%였는데, 숙제가 조금 줄어서 슬픔도 작아졌어요.”

아이들은 행운과 불운에 대한 나의 생각을 나눠보자는 질문에도 진지하게 글을 썼다. 하윤이는 책 속의 메시지를 분명하게 적었다. 단순히 ‘운이 좋았다, 나빴다’를 넘어, ‘어떤 태도로 하루를 대할 것인가’를 또렷하게 이야기했다.

“행운과 불운은 정해져 있지 않아요. 자기 몸을 자기 마음대로 움직일 수 있다면, 자기가 미래를 생각해서 좋게 만들거나 나쁘게 만들 수도 있어요.”

그 후 아이들 사이에선 행운과 불운이 또 다른 놀이가 되었다. 서로 안 좋은 일이 생기면 “오늘은 불운이 70%야.”, “어후, 그건 완전 불운 씨네.” 하고 말하곤 했다. 그럼 자연스럽게 다른 친구가 말을 받았다. “그렇다면 불운 씨 옆에 숨어 있는 행운 씨를 찾아야지! 행운을 찾아서!” 『행운을 찾아서』는 우리끼리의 격려이자 응원이 되었다.

책장을 덮은 뒤 시작되는 진짜 이야기

처음에는 아이들에게 그림책을 읽어준 그날, 아이들이

보이는 반응으로 책 선정의 성공 여부를 판단하곤 했다. 책을 읽는 그 순간 아이들이 감동하거나 변화하길 기대했다. 하지만 점차 알게 됐다. 모든 책이 같은 속도와 방식으로 전해지는 것은 아니었다. 그림책이 아이들의 삶에 스며드는 방식은 꼭 감동적인 표정이나 정답 같은 말로 바로 드러나지 않았다. 오히려 일주일, 혹은 몇 주가 지난 어느 날, 아이들이 주고받는 말장난 속에서 문득 터져 나왔다. 한 권의 책이 남긴 문장 하나가 아이들의 일상 언어가 되고, 우리가 함께 나누는 감정의 문이자 위로의 방식이 되어 있었다.

아이들의 반응은 언제나 예측할 수 없었고, 그날의 반응이 전부일 수도 없다는 것을 점점 배워가며 '어떤 책을 들고 가야 할까?', '이 책이 과연 괜찮을까?' 하는 부담도 조금씩 내려놓을 수 있었다. 책을 고르고 나누는 일이 점점 더 편해졌다. 함께 읽은 책이 쌓일수록 우리끼리만 통하는 말도 하나둘 늘어갔다. 아이들과 함께 책을 읽는 일은, 어쩌면 책장을 덮고 나서부터 진짜로 시작되는 일임을 알아가며…. 그림책의 힘은 책을 읽은 그 날보다 그 이후에 더 강하게, 또 오래 이어졌다.

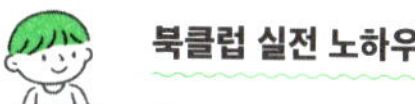

책 선정할 때 미리 걱정하지 마세요!

그림책에 대해 이건 너무 쉽고, 이건 또 너무 어렵다는 식으로 미리 편견을 가질 필요는 없어요. 아이들의 감각과 사고는 우리가 생각하는 것보다 훨씬 유연하고 깊답니다. 다양한 책을 함께 펼쳐보고 이야기 나누는 것만으로도 충분히 알찬 시간을 만들어 갈 수 있습니다. 특히 어린이들의 사고력을 확장시키는 도구로 읽기책과 더불어 활용하면 좋은 효과를 거둘 수 있어요.

1. 어두운 그림, 무거운 주제? 미리 걱정하지 마세요

어른의 시선으로 "이건 좀 난해한데….", "우리 아이에게 너무 어려울 것 같아."라며 망설일 때가 많습니다. 특히 그림이 독특하거나 주제가 철학적이고 무거울 때 주저하게 되죠.

• 아이들의 유연함 믿기 : 하지만 아이들은 상징이나 철학적인 주제도 생각보다 자연스럽게 받아들입니다. 때로는 어른보다 더 깊고 새로운 해석을 보여주기도 해요. 어른 눈에 난해하

고 닫혀 보이는 이야기라도, 아이 눈에는 무한히 상상할 수 있는 열린 이야기일 수 있습니다.

• **일단 함께 읽기** : "혹시 반응이 없으면 어쩌지?" 걱정하지 말고 일단 함께 읽어보세요. 아이들은 '이해'를 목표로 하기보다 '경험'을 중심으로 책을 대하기 때문에, 어른의 염려와는 달리 낯선 그림과 주제를 즐겁게 받아들일 수 있습니다.

2. 반응이 없다고 실패는 아니에요

책을 다 읽은 순간 바로 감동하거나 감탄하지 않아도 괜찮아요. 북클럽 시간에 조용한 반응만 보여 '이번 책은 실패했나?' 하는 생각이 들 수도 있지만, 아이의 독서는 느리게, 그리고 예상치 못한 방식으로 이어집니다.

• **느린 반응, 엉뚱한 반응** : 무반응 같던 아이가 며칠 뒤 갑자기 책 속의 말을 흉내 내며 장난칠 수도 있고, 전혀 다른 상황에서 책 속 장면을 떠올릴 수도 있습니다.

• **마음속 독서** : 책장은 덮었지만, 그 책은 아이 마음속 어딘가에서 조용히 이어지고 있을지도 몰라요. 즉각적인 피드백을 요구하기보다, 아이가 스스로 책의 여운을 곱씹을 시간을 주는 것이 중요합니다.

3. 다양한 색깔의 책을 보여주세요

아이들에게 다양한 사고의 경험을 제공하기 위해, 항상 재미있고 유쾌한 책만 고르기보다 가끔은 어렵고 낯선 책도 함께 펼쳐보세요.

• **진지한 주제도 좋아요** : 죽음, 상실, 인생의 흐름 같은 무거운 주제도 아이들은 의외로 담담하고 진지하게 받아들이며 생각의 폭을 넓힙니다. 볼프 에를브루흐의 그림책『내가 함께 있을게』에는 해골 모습을 한 '죽음'이 등장하지만 아이들은 두려움보다는 다정한 친구로 바라보았어요. 절제된 색으로 한 사람의 인생을 쌓아 올린 아드리앵 파를랑주의 그림책 『봄은 또 오고』또한 한 사람의 인생을 그린 잔잔한 이야기에 깊이 몰입하며 뜨거운 반응을 보였어요.

• **다양한 책을 만나는 방법이에요** : '지금 꼭 좋아해야 한다'는 부담보다 '이런 책도 세상에 있구나!' 하는 열린 마음으로 다양한 그림과 주제를 경험하게 해주세요. 다양한 책을 접하며 아이들은 삶과 세상에 대한 시야를 확장하고, 폭넓은 감수성을 키울 수 있습니다.

3

좋아하는 작가가
생겼어요!

동화책을 고를 때는 가급적 도서관에서 쉽게 구할 수 있는 책 위주로 선정하려 했다. 이따금씩 같은 책을 아이들 수만큼 구입해 함께 읽고 쓰는 활동을 하기도 했지만, 동화책은 대체로 각자 구해 읽고 오는 방식으로 운영했기 때문이다. 학교 도서관에 책이 있는 경우 아이들 스스로 북클럽 선정도서를 빌려올 수 있다. 하지만 그렇지 않은 경우에는 양육자가 책이 있는 지역 도서관에 가거나 책을 직접 구입해야 하는 수고가 더해진다. 사실 모임을 진행하며 양육자에게 책 구입이 부담되지는 않을까 조심스러웠다. 그래서 우리 모임은 퐁당퐁당 북클럽으로 운영하기로 정했고, 한 달에 두 권 정도만 구매하면 되었기에 큰 무리가 없었다. 이 정도는 참여하는 양육자에게 미리 양해를 구해도 좋다. 책을 구매할 수 있다면 반응이 좋은 신간을 선택할 수 있어 모임의 폭과 깊이를 넓힐 수 있기 때문이다.

신간이 곧 나온대요!

나 역시 바로 예외의 경우가 찾아왔다. 갓 출간된 신간인데도 아이들이 "이 책이 읽고 싶어요!"라며 추천하고, 다 같이 사서 읽자고 마음을 모으는 일이 생겨난 것이다. 시작은 하윤이가 추천한 『시간 고양이 1』였다. 책 선정 당시, 아이들의 전폭적인 지지를 받은 이 책은 모두가 최고의 별점을 주며 최근 읽은 책 중 가장 재미있었다는 호평을 아끼지 않았다. 책의 말미에는 주인공 서림이와 은실이의 신나는 모험이 계속된다는 예고가 담겨 있었고, 아이들은 2권에서 펼쳐질 이야기를 상상하며 다음 편에 대한 기대를 키웠다.

그리고 6개월 뒤, 이번에는 하윤이가 아닌 다른 친구의 추천으로 『시간 고양이 2』를 읽게 되었다. 아이들은 2편에도 높은 별점을 주며, 웜홀로 사라져버린 악당의 뒷이야기가 어떻게 이어질지 몹시 궁금해했다.

"3권이 다음 달에 나온대요! 3권 나오면 엄마한테 사달라고 해서 우리 다음 책으로 바로 읽자!"

"좋아. 나도 엄마한테 사달라고 얘기해 놓을게. 재밌겠다!"

아이들은 입을 모아 3권이 출간되면 꼭 함께 읽자고 약속했다. 그리고 얼마 지나지 않아 3권이 나올 무렵, 우리 중 가장 발 빠른 소식통 친구로부터 판매가 시작됐다는 소식을 전해 듣게 되었다. 아이들은 각자 책을 구입해 다시 모였고, 우리는 이제 막 출간된 따끈따끈한 새 시리즈를 누구보다 빠르게 함께 펼쳐 볼 수 있었다.

책에서 시작된 세상을 향한 관심

「시간 고양이」 시리즈는 공상 과학 판타지 소설이지만, 현실에서 우리가 마주한 환경 문제를 정면으로 다룬다. 3권에서는 납치범을 쫓던 주인공 서림이가 웜홀에 빨려 들어가 2150년의 미래로 도착하게 되는데, 해수면이 급격히 상승해 육지 대부분이 바다에 잠기고, 오염된 바다에는 무시무시한 괴물이 출몰한다. '해저 도시와 바다 괴물'이라는 부제를 단 3권은 기후 위기로 인한 해수면 상승 문제와 일본의 후쿠시마 원전 사건에서 영감을 받아 쓰인 이야기였다.

"내가 인간들 때문에 병에 걸린 고래 제트였다면, 너무 화가 나서 인간들을 마구 공격했을 것 같아. 제트가 말할 수 있다면 이렇게 말하지 않았을까? '인간들아! 너희가 바다를 그렇게 더럽히니까 물고기가 안 잡히고 먹을 게 없지! 에휴, 정말 한심하다!' 하고 말이야."

아이들의 몰입도는 그 어느 때보다 깊었다. 병에 걸린 고래 제트의 입장을 상상하며 바다 생명체의 고통에 공감했고, 인간의 무책임함에 분노했다. 일본의 방사능 오염수 방류 결정에 대해서도 목소리를 높였다. 그날 북클럽에서는 어린이 신문에 실린 관련 기사를 함께 읽고, 일본의 결정에 대한 자신의 생각과 근거를 논리적으로 정리해 보는 시간을 가졌다. 아이들은 일본의 결정에 적극적으로 대응하지 않은 우리나라 정부에 대해서도 비판을 아끼지 않았고, 일본과 한국 정부에 보내는 편지를 직접 써보기도 했다. 아이들의 분노의 글쓰기에 A4 용지 절반이 순식간에 채워졌다.

작가와 그림을 꿰뚫어 보는 눈

그리고 1년 뒤, 우리는 『시간 고양이 4』까지 함께 읽었다. 아이들은 자리에 앉자마자 바뀐 그림에 대해 열띤 반응을 보였다.

"너도 그림 바뀐 거 바로 알았어?"

"당연하지! 바뀌기 전 그림이 더 좋지 않아?"

서로의 의견을 나누며 신간에 대한 토론이 이어졌다. 사실 나는 아이들 이야기를 듣기 전까지 그림 작가가 바뀐 줄도 몰랐다. 그런데 아이들은 책을 보자마자 그림의 분위기와 스타일이 달라졌다는 걸 단번에 알아차리고, 이전 작가의 그림과 비교하며 평가까지 곁들였다. 책을 향한 예리한 시선과 관찰력에 새삼 놀랄 수밖에 없었다.

아이들의 관찰력은 여기서 그치지 않았다. 그림 작가의 이름을 확인하지 않고도 이전에 함께 읽은 그림책 작가의 작품임을 단번에 알아채는가 하면, 동화책에 들어간 그림 작가까지 알아보는 일도 종종 벌어졌다. 『왜왜왜 동아리』를 읽고 만난 날, 아이들은 책 내용을 이야기하기도 전에 먼저 말했다.

"그런데 이 그림, 우리 전에 읽었던 책 그림이랑 똑같지 않아?"

"그래 맞아! 눈이랑 머리카락 표현이 어디서 봤던 스타일 같았어. 뭐였지?"

"아!『생리는 처음이야』, 그거 맞지?"

"맞네, 맞아. 그 책 하윤이가 추천했던 거였지?"

무려 1년 전에 읽었던 책의 그림 스타일과 제목, 심지어 그 책을 추천했던 친구까지 정확히 기억해 내는 아이들의 모습을 보며 나는 또 한 번 놀랐다. 누구 하나 책 표지를 들여다보거나 그림 작가 이름을 확인한 것도 아니었다. 단지 눈으로 본 그림의 인상만으로 이전에 읽었던 책과 연결해 내는 능력이라니! 아이들이 얼마나 주의 깊게, 또 애정을 담아 책을 읽고 있는지 느낄 수 있는 순간이었다.

함께 채워가는 우리의 독서 역사

함께 읽은 책이 쌓일수록, 아이들이 알아보고 좋아하는 그림 작가와 글 작가도 하나둘 늘어갔다. 덩달아 도서관이나 서점에 다녀온 아이들이 예전에 재미있게 읽었던 작가의 신간을 발견해 먼저 소식을 전해주는 일도 생겨났다. 어느 날은 한 친구가 말했다.

"선생님!『팥빙수의 전설』작가님 새 책이 나왔어요! 방금 서점에서 봤어요. 이번엔 수박이에요!"

『팥빙수의 전설』과『이파라파냐무냐무』를 재미있게 읽은 아이들은 친구가 전해 준 신간 소식에 눈을 반짝였다. 우리는 곧장 책을 구입해 다음 모임에서 함께 읽었다. 어느새 북클럽은 새로운 책을 고르고 나누는 공간을 넘어, 책 정보와 신간 소식을 제일 빠르게 듣는 창구가 되었다.

아이들은 스스로 책을 추천하고 함께 읽을 책을 고르며 점점 좋아하는 작가가 생겼고, 그 작가의 새로운 작품을 찾아 읽었다. 이 경험은 아이들에게 책 읽기의 즐거움을 더 깊고 풍성하게 만들어 주었다. 아이들은 정해진 책을 읽는 데서 그치지 않고, 새로운 시리즈의 출간 소식에 함께 기뻐하며 책을 다시 펼치고, 자신이 먼저 발견한 정보를 들려주기도 하고, 친구가 전해준 소식에 반가움으로 응답하며 점점 더 적극적으로 북클럽에 참여했다.

책에 대한 관심은 자연스레 세상을 향한 관심과 주도성으로 이어졌고, 책을 매개로 연결되고 함께 성장해 가는 이 시간들이 북클럽의 소중한 동력이 되었다. 그렇게 한 권, 또 한 권 함께 읽어온 책들은 어느새 우리만의 역사이자 오래도록 마음에 남을 소중한 추억이 되었다. 아이들과 나 사이에는 점점 독서의 우정이 피어났다.

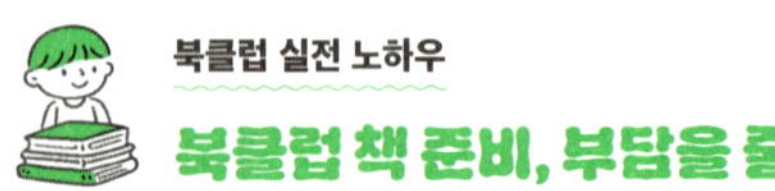

북클럽 책 준비, 부담을 줄이는 법

모든 책을 운영자가 일괄 구입하거나 준비하지 않아도 북클럽을 성공적으로 꾸려갈 수 있습니다. 도서관 활용과 체계적인 일정 공유만으로 책 준비의 부담을 크게 줄일 수 있는 구체적인 운영 노하우를 소개합니다.

1. 책은 각 가정에서 준비해요

운영자가 모든 책을 한 번에 구입하거나 대여해 주는 방식은 생각보다 시간과 비용이 많이 듭니다. 책 준비 시에 각 가정에서 가까운 도서관을 이용하거나 서점에서 개별적으로 구입하는 방식으로 운영하면 부담이 훨씬 줄어듭니다. 또한 아이와 양육자가 스스로 책을 구하는 과정을 통해 북클럽에 대한 주도성과 책임감을 가질 수 있어요.

2. 도서관 소장 여부 확인은 필수!

아이들이 함께 읽고 싶은 책 2~3권을 후보로 추천했을 때, 공공도서관 홈페이지에서 소장 여부를 확인해 보세요. "이 책은 도서관에 한 권밖에 없어서 빌리기 어려울 수 있는데, 여러 권 있는 다른 책은 어떨까?"와 같이 구체적인 상황을 제시하며 제안하면 아이들의 의견을 존중하면서도 책 준비의 어려움을 줄일 수 있습니다. 도서관 소장 정보를 함께 살펴보는 활동 자체도 아이들에게 유익한 독서 경험이 됩니다.

3. 일정표로 미리 공유해요

북클럽에서 읽을 책이 확정되면, 읽는 순서를 포함한 8~10주간의 일정을 표로 정리해 양육자들에게 공유하세요. 일정표에는 모임 날짜, 책 제목, 작가, 출판사 정보를 명확하게 기재합니다. 이렇게 정보를 미리 공유하면 각 가정에서 도서관 대출이나 구매 계획을 사전에 세울 수 있어 책 준비에 대한 심리적 부담을 크게 줄일 수 있으며, 모임도 훨씬 체계적이고 안정적으로 운영할 수 있습니다.

4. 아이들의 좋아하는 책이라면 신간도 읽어요!

"이 책 꼭 읽고 싶어요!" 같은 아이들의 강력한 요청이 있을 때는 신간 도서를 선정해도 좋습니다. 신간은 도서관 소장율이 낮기 때문에 모든 참여자가 개별적으로 구입하거나, 몇 권만 구매하여 돌려보는 방식도 가능합니다. 신간을 읽을 때 아이들은 '가장 먼저 만나는 독자'가 된다는 자부심을 느끼며 자연스럽게 책에 대한 집중도와 몰입도가 높아집니다.

5. 모임 후, 다음 2주 일정을 예고해요

매 모임이 끝난 뒤에는 아이들에게 다음 주와 그다음 주에 읽을 책을 미리 안내하세요. "다음 주는 그림책을 함께 읽는 날이니까 그냥 오면 되고, 다다음 주는 『시간 고양이』를 나누는 시간이니 미리 책을 준비해서 읽고 오세요." 이렇게 예고하면 아이들이 여유를 가지고 책을 준비할 수 있어 참여율이 높아지고 모임 분위기도 훨씬 안정적으로 유지됩니다.

4

아이들이 가르쳐 준,
책 너머 깊이 읽기

아이들과 함께 책을 읽다 보면, 내가 놓치고 지나친 장면을 콕 집어내거나 전혀 예상하지 못한 방식으로 인물을 바라보는 아이들의 시선에 깜짝 놀랄 때가 있다. 어른의 눈에는 쉽게 보이지 않는 감정의 결을 아이들은 놀라울 만큼 섬세하게 포착해 낸다. 아이들은 단순히 이야기를 읽는 것이 아니라, 이야기 너머의 마음을 함께 읽는다. 책을 읽고 아이들과 나누는 대화 속에서 나는 혼자 읽었을 때는 미처 느끼지 못했던 감동과 새로운 시선을 선물받곤 했다.

함께였던 시간의 행복

루리 작가의 『긴긴밤』을 읽고 나눈 날, 아이들은 예상치 못한 관점에서 책을 바라보며 나의 시선을 완전히 바꿔놓았다. 이 책의 주인공 노든은 세상에 마지막으로 남은 코뿔소다. 안락했던 코끼리 고아원을 나와 험난한 야생으로 나간 그는 아내를 만나 가족을 꾸리고 잠시나마 행복을 누리지만, 밀렵꾼에게 아내와 아이를 잃고 인간에 대한 분노와 깊은 절망 속에서 동물원에 갇힌다.

그곳에서 만난 코뿔소 잉가부는 노든에게 희망과 온기를 전해준다. 그러나 잉가부마저 밀렵꾼에게 희생되며 노든은 또 한 번 사랑하는 이를 잃는다. 이후 동물원을 탈출한 노든은 버려진 알을 품고 있는 펭귄 치쿠와 함께 바다를 향한 여정을 시작한다. 하지만 치쿠 또한 여정 도중 지쳐 세상을 떠나고, 노든은 치쿠가 남긴 알에서 태어난 어린 펭귄과 함께 끝없는 밤을 건너간다. '긴긴밤'은 두 존재가 겪는 시련과 고독의 시간을 상징한다.

나는 이 이야기를 읽으며 노든이 겪어야 했던 반복된 상실과 이별, 그리고 남겨진 자의 고독에 깊이 빠져들었다. 아이들 역시 친구의 마지막을 지키는 장면을 가장 인상 깊게 꼽으며 함께 슬퍼하고 마음 아파했다. 계속되는 노든의 슬픔에 주목하며 깊은 탄식과 안타까움을 쏟아냈다. 그런데 한참 이야기를 나누던 중, 하윤이가 조용히 말했다.

"근데… 노든은 한 번도 혼자였던 적이 없잖아요. 늘 사랑하는 존재와 함께 있었어요."

아이의 말을 듣는 순간, 마치 뒤통수를 맞은 듯한 전율이 느껴졌다. 어째서 나는 줄곧 '남겨진 자'의 외로움에만 시선을 고정하고 있었을까? 하윤이 말을 듣고 나서야 '함께였던 시간'에 눈을 둘 수 있었다. 시선을 바꾸고 보니 정말 그랬다. 노든은 상실을 겪었지만, 늘 누군가와 함께였다. 소중한 이를 만나 사랑하고, 사랑받으며 잊을 수 없는 순간들을 나눴다. 그 시간들이 있었기에 노든은 긴긴 밤을 견딜 수 있었다.

문학의 빛을 삶으로 가져오는 법

아이들과 함께하는 북클럽은 늘 배움의 시간이었다. 아이들은 종종 내가 놓친 감정의 결을 먼저 알아채고, 내가 머물러 있는 장면 너머 먼 곳을 바라보며 더 깊은 이야기를 읽어냈다. 덕분에 나 역시 작품을 새로운 시선으로 바라보고 더 풍부하게 이해할 수 있었다. 무엇보다 인상적이었던 건, 아이들이 문학 속 인물의 마음을 살펴보는 데 그치지 않고, 그 안에 담긴 사랑을 자기 삶으로 가지고 왔다는 점이다.

아이들은 누군가의 슬픔에 공감하고, 사랑을 표현하는 방식에 대해 토론하고, 외로움 속에서도 희망을 찾는 인물의 여정을 따라가며 연대와 공존, 치유, 희망이라는 문학의 본질을 스스로 발견해 갔다. 책 속에 담긴 사랑과 믿음을 자기 자신과 주변의 소중한 이들에게 퍼뜨려 나갔다.

삶의 길을 밝혀주는 좋은 문학과 그 빛을 품에 안고 나만의 색깔을 만들어가는 아이들. 나는 그 눈부신 광경에 매번 감동하며 매주 한 권의 책을 새롭게 펼쳤다. 좋은 책이 데려다줄 또 다른 세계를 기대하면서, 아이들의 마음으로 다시 배우게 될 세상을 고대하면서.

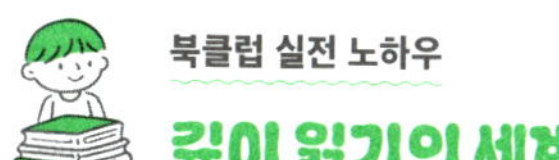

깊이 읽기의 세계로 안내하는 법

단순히 책의 줄거리를 기억하고 내용을 요약하는 수준을 넘어, 인물의 복잡한 마음과 이야기 너머에 숨겨진 의미까지 함께 사유하는 것이 '깊이 읽기'의 핵심입니다. 아이들이 더욱 깊이 있는 독서 경험을 할 수 있도록 돕는 구체적인 방법을 소개합니다.

1. 줄거리보다 '마음' 묻기

책을 다 읽은 후, "이 인물은 왜 이런 행동을 했을까?", "이때 ○○는 어떤 기분이었을까?"처럼 인물의 감정과 선택의 동기에 초점을 맞춘 질문을 던져보세요. 줄거리를 확인하는 질문("그래서 다음에 무슨 일이 일어났지?")보다 마음 중심의 질문을 할 때, 아이들은 자연스럽게 인물의 입장이 되어 생각하게 됩니다. 인물의 감정과 선택의 이유를 탐색하는 과정에서 아이들은 이야기 속으로 더 깊이 몰입하여 상황을 다각도로 이해할 수 있어요.

2. 서로 다른 시선으로 읽기

책 속의 사건을 주인공의 시선뿐만 아니라 주변 인물이나 심지어 비판받는 인물의 관점까지 살펴보는 연습이 중요합니다. "이 행동을 받은 사람은 어떤 기분이었을까?", "옆집 아저씨 입장에서 주인공은 어떤 아이였을까?"와 같이 질문하여 다양한 입장을 상상하도록 유도해 보세요. 같은 사건이라도 인물마다 받아들이는 감정과 해석이 다를 수 있다는 사실을 깨닫게 되면, 아이들은 자연스럽게 공감 능력을 키우고 주제에 대한 해석의 폭을 넓힐 수 있습니다.

3. 텍스트 바깥으로 연결하기

책 속의 상황과 내용을 아이 자신의 삶이나 세상에서 일어나는 일과 연결해 주는 질문은 독서를 삶의 지혜로 전환시키는 중요한 과정입니다. "나라면 어떻게 했을까?", "이런 일을 본 적이나 겪은 적이 있을까?"처럼 책 속 상황을 아이의 구체적인 경험, 사회 문제, 혹은 감정 경험과 연결해 주세요. 이런 질문은 추상적인 내용을 아이의 현실에 비추어 이해하게 돕고, 나아가 책에서 다루는 가치관과 태도가 자신의 삶에 어떤 의미를 갖는지 성찰하게 만듭니다.

5

책으로
고민을 나누는 시간

책에는 다양한 감정과 상황이 담겨 있다. 책을 읽고 함께 이야기를 나누다 보면 자연스럽게 나 자신을 돌아보게 된다. 주인공의 마음을 따라가다 보면 비슷한 경험이 떠오르고, 그 경험을 나누며 나도 몰랐던 감정을 들여다볼 수 있다. 나는 매주 책 속 인물과 상황에 공감할 수 있는 질문을 건네며 아이들이 스스로의 경험을 떠올릴 수 있도록 이끌었다. 아이들은 마음의 문을 열고 점점 더 많은 이야기를 들려주었다. 아이들이 커갈수록, 우리의 대화도 더 진하고 깊어졌다.

자라나는 말, 깊어지는 마음

북클럽을 시작한 초기에는 아이들의 이야기가 비교적 가벼웠다. 3~4학년 무렵엔 속상했던 일이나 마음이 작아졌던 순간을 나누면 으레 "아빠가 늦게까지 일할 때요.", "엄마한테 혼났을 때요.", "친구가 화냈을 때요." 같은 대답이 돌아왔다. 모두가 겪는 일상 속의 감정들이었고, 구체적인 상황까지 공유되진 않았다. 그 이야기를 꺼내는 것만으로도 아이들에게는 큰 용기였을 것이다.

그런데 아이들이 5학년이 되자, 대화의 색깔이 달라지기 시작했다. 학교에서 마주치는 다양한 상황 속에서 어떻게 말하고 행동하면 좋을지를 돕는『예의 없는 친구들을 대하는 슬기로운 말하기 사전』을 읽고 모인 날이었다. 나는 아이들에게 "평소 친구들이나 주위 사람들과 이야기할 때 어려운 점이 있나요? 말하기에 대한 고민이 있다면 나눠 볼까요?"라고 물었다.

아이들은 각자의 고민을 아주 구체적으로 들려주었다. 한 친구는 "내 목소리가 크고 말이 많아 시끄럽고 정신없다는 이야기를 자주 들어요."라고 했고, 또 다른 친구는 "내 말을 친구들이 잘 들어주지 않아 무시당하는 기분이

들어요.”라고 털어놓았다. 하윤이는 낯선 사람과 말을 잘 못 해서 생기는 어려움을 고백했다. 평소엔 말로 꺼내지 못했던 속마음들이 활동지 위로 조용히 흘러나왔다.

우리는 ‘나를 기분 나쁘게 했던 친구의 말이나 행동’을 떠올려 적어보고, 그럴 때 나는 어떻게 말을 하면 좋을지 스스로 정리해 보는 활동을 이어갔다. 책에서 제안한 슬기롭게 말하기의 3단계는 이렇다. ① 일어난 상황을 있는 그대로 말하기. ② 내 생각과 느낌을 솔직하게 표현하기. ③ “네가 ~를 해주면 좋겠어.”라고 말하며 원하는 것을 구체적으로 부탁하기. 이 단계를 따라서 아이들은 다양한 상황에 맞는 ‘나만의 말하기 사전’을 만들었다.

하윤이가 쓴 말하기 사전 - 친구가 약속을 지키지 않았을 때

① 우리가 10시 30분에 만나기로 했는데, 20분 넘게 나오지도 않고 전화를 받지 않았잖아.

② 그래서 솔직히 나는 짜증이 났어.

③ 네가 앞으로 약속을 취소할 땐 미리 말해주면 좋겠어.

특히 인상 깊었던 건 하윤이의 이야기였다. 평소엔 속상한 일이 있어 보여도 자세한 이야기를 꺼내지 않던 아이가 이처럼 구체적인 상황과 감정을 또박또박 말로 표현해냈다는 사실에 마음이 뭉클했다. 전화해도 받지 않는 친구를 길에서 20분 넘게 기다리다 집으로 돌아온 날, 하윤이는 짜증이 났다고 자신의 감정을 솔직하게 표현했다. 그리고 친구에게 하고 싶은 말을 명확하게 전달하며 자신의 마음을 지키는 법을 연습했다.

더 놀라운 건, 이 표현을 단순한 활동으로 끝내지 않았다는 점이다. 그날 이후 하윤이는 비슷한 상황이 생길 때마다 친구에게 자신의 감정을 솔직하게 표현하고 "앞으로 약속을 취소할 땐 미리 말해주면 좋겠어."라고 말했다. 이 말하기는 6학년이 되었을 때도, 중학생이 된 지금도 여전히 잘 쓰이고 있다. 북클럽에서 나눈 말과 글이 아이의 삶 안으로도 조용히 스며든 것이다.

속마음을 꺼낼 수 있는 자리

아이들과의 대화는 날이 갈수록 깊고 넓어졌다. 반장 선거를 소재로 한 창작동화 『잘못 뽑은 반장』을 읽고 나눈 날도 그랬다. 나는 아이들에게 "여러분은 반장 선거에 나가본 적이 있나요? 반장이 되고 싶다는 생각을 해본 적은요? 있다면 왜 반장이 되고 싶었는지, 없다면 왜 그런 생각이 들지 않았는지 이야기 나눠 봐요."라고 말했다.

반장 선거에 매년 나갔지만 계속 떨어져 속상했던 친구, 몇 번의 도전 끝에 부반장에 뽑혔지만 친구들이 말을 잘 듣지 않아 고생했던 친구, 그리고 한 번도 반장 선거에 나가본 적이 없었던 하윤이까지 아이들은 각자 자신만의 이야기를 들려주었다.

의외였던 건, 하윤이가 반장이 되고 싶다는 생각을 해본 적이 있다는 사실이었다. 하윤이는 학교에서 말 한마디도 하지 않아 '귀신'이라는 별명을 얻은 적도 있다. 그런 아이가 반장을 꿈꿨다는 사실에 나도 모르게 "정말?" 하고 반문했다. 하윤이는 놀란 나를 뒤로 한 채 친구들을 바라보며 활동지에 적은 이야기를 이어갔다.

"왜냐하면, 반장은 멋있으니까. 그런데 앞에 나가서 캠페인 하는 게 싫어서 나가본 적은 없어. 친구 돕기나 숙제 잘하기는 잘할 수 있는데, 캠페인이나 반장 회의는 어렵고 힘들 것 같아."

그동안 한 번도 내비친 적 없던 아이의 속마음을 북클럽을 통해 처음 들은 순간이었다. 아이들은 반장 선거를 둘러싼 각자의 경험을 솔직하게 나누며 서로의 감정과 기억을 토닥였다. 어떻게 보면 비슷해 보이기도, 또 어떻게 보면 전혀 다른 이야기들이 우리의 대화를 풍성하게 만들어 주었다. 각자의 상황이 펼쳐질 때마다 아이들은 완전히 몰입해 마치 자기 일인 듯 공감하며 따뜻한 말을 보탰다.

용서와 화해를 주제로 한 그림책 『사자가 작아졌어』를 함께 읽은 날에도 아이들은 마음의 문을 활짝 열고 자신의 이야기를 꺼냈다. 사자에게 엄마를 잃은 가젤처럼 누군가를 용서하기 힘들었던 기억을 나누기도 하고, 그때의 나와 지금의 나를 비교하며 용서란 무엇인지, 진심 어린 용서란 얼마나 어려운 일인지에 대해 진지하게 토론했다.

깊어지는 대화 속에 함께 자라는 마음

한 명, 두 명, 슬슬 사춘기에 접어들고, 매일 아침 "학교 가기 싫다"는 말을 달고 살기 시작하던 6학년이 되자 청소년 문학을 자주 읽었다. 비슷한 시기를 지나고 있는 주인공의 삶을 통해 아이들은 자신이 겪고 있는 감정들을 자연스럽게 나눴다. 이제 막 중학교 2학년에 접어든 스미레의 일상을 그린 청소년 소설, 『어쩌다 중학생 같은 걸 하고 있을까』를 읽고 나눈 날에는 내가 끼어들 틈도 없이 뜨거운 대화가 이어졌다.

아이들은 학교라는 제도가 왜 존재해야 하는지 모르겠다는 스미레의 말에 격하게 공감하며 학교의 장점과 단점을 분석했다. 학교란 '친구를 만날 수 있어 가면 좋은데, 숙제와 공부가 있어 가기 싫은 곳'이라고 정의하며, 어른이 되고 싶은 이유를 하나둘 꺼내 놓았다. 어른과 어린이의 차이를 나열하기도 하고, 중학생이 되어 있을 내년의 모습을 상상하기도 했다.

책을 중심으로 시작된 대화는 언제나 아이들 각자의 삶과 이어졌다. 그런 대화를 통해 우리는 서로를 조금 더 이해하게 되었다. 아이들은 자신만의 생각과 감정을 말로 꺼내는 법을 배워 갔고, 나는 그 변화의 과정을 곁에서 바라보며 매번 감탄했다. 아이들의 말을 통해 내 아이를 더 이해할 수 있었고, 북클럽에서만 꺼내는 말들 덕분에 평소엔 알 수 없었던 아이의 마음을 들여다볼 수 있었다.

북클럽은 단지 책을 읽고 나누는 자리가 아니었다. 서로의 삶을 듣고 나누는 자리였다. 말과 마음이 천천히 자라는 시간. 그 시간 속에서 아이들은 더 크고, 깊어졌다. 아팠던 마음을 위로받고, 다름을 이해하고 존중하는 법을 배워갔다.

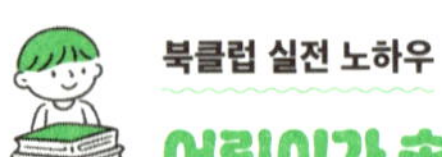

어린이가 속마음을 터놓을 수 있는 분위기 만들기

아이들과 깊은 이야기를 나누려면, 먼저 마음이 편안해지는 환경을 만드는 게 중요해요. 북클럽에서 아이들이 솔직하게 감정을 나눌 수 있도록 돕는 팁을 소개합니다.

1. 쓰지 않아도 괜찮아요

학년이 올라갈수록 아이들은 자신이 쓴 글을 어른이 본다는 생각만으로도 솔직한 기록을 꺼리거나 망설일 수 있어요. 이럴 땐 굳이 글로 쓰지 않아도 된다고 안내하고, 말로만 나누거나 간단히 그림이나 기호로 표현해도 좋다고 알려주세요. 활동지를 '굳이 기록하지 않아도 되는 공간'으로 자유롭게 활용할 때, 아이들은 심리적 안전망을 느끼고 더 자유롭게 마음을 표현하게 됩니다.

2. 충고 대신 경청해 주세요

아이들이 자신의 속마음이나 어려움을 털어놓을 땐 충고나 평가, 비판, 조언은 잠시 접어두세요. 운영자는 '판단하는 사람'이 아니라 '들어주는 사람'이 되어야 합니다. 아이의 이야기에 고개를 끄덕이거나 "그랬구나.", "많이 속상했겠다." 같은 따뜻한 반응을 보여주며 온전히 귀 기울여주는 경청만으로도 아이들은 깊이 위로받고 자신의 감정을 존중받는다고 느끼게 됩니다. 온전히 귀 기울여주는 경청만으로도 아이들은 깊이 위로받습니다.

3. 비밀은 꼭 지켜요

북클럽의 신뢰도를 형성하는 중요한 약속은 비밀 유지입니다. 모임 시작 시, "여기서 나눈 이야기는 오늘 이 자리에서만 나눌 거예요. 모임 밖에서는 다른 친구의 이야기를 꺼내지 않기로 해요."라고 명확하고 진지하게 약속을 나누세요. 아이들은 자신의 비밀이나 취약점이 안전하게 보호된다는 확신이 생길 때, 가장 솔직하고 깊은 속마음을 꺼내놓을 수 있습니다.

북클럽은 단순히 책을 읽고 이야기하는 자리가 아니라 서로의 마음을 배우는 공간입니다. 아이들에게 선택권을 주고, 평가 대신 경청하며, 신뢰를 기반으로 한 비밀 보장을 지킬 때, 북클럽은 진심이 오가는 대화의 장이 됩니다. 강요하지 않아도 마음이 자연스럽게 열리고, 그 속에서 아이들은 자신을 지키는 힘을 배워갈 거예요.

6

비문학 독서로
세상을 읽는 아이들

아이들이 직접 책을 추천하고 선정하게 하면 각자의 흥미와 취향에 맞는 책을 만나 몰입도가 높아지고, 다른 친구의 추천을 통해 다양한 책을 접할 수 있다는 장점이 있다. 하지만 아이들의 취향이 비슷하거나 특정 장르에만 몰릴 경우, 책의 주제나 내용이 한정되는 단점이 생길 수도 있다. 처음 의도와 달리 독서 경험이 오히려 좁아질 수도 있다.

어린이 북클럽도 첫해는 글이 많은 동화책보다 그림책의 비중이 컸다. 아무래도 글이 적은 그림책이 부담이 덜하고, 즉각적으로 자신이 느끼고 생각한 걸 꺼낼 수 있다는 점 때문이었다. 아이들이 학년이 올라가면서는 창작 동화가 중심이 되었다. 아이들과 비슷한 또래 주인공이 등장해서 학교와 가정에서 겪는 다양한 이야기를 들려주니 아무래도 공감도가 높았고, 역시 아이들이 읽고 나면 할 이야기가 많았다. 이렇게 북클럽에서 읽는 책이 지나치게 어느 한쪽으로 쏠린다 싶을 때는 운영자의 역할이 중요하다. 아이들이 좋아하는 책을 충분히 즐기면서도 읽는 분야를 확장할 수 있도록 새로운 책을 제안하거나 구입해서 다양한 책을 접할 기회를 줘야 한다.

여름 방학의 선물, 비문학

북클럽을 한 지 열 달이 되었을 무렵, 나는 여름 방학을 맞이한 아이들에게 특별한 선물을 했다. 바로 기후 변화를 막는 어린이 영웅들의 이야기를 담은 과학·환경 도서인 『뜨거운 지구를 구해줘』였다. 우리가 함께 읽을 책이었다. 이때 책과 더불어 책에 붙일 인덱스를 함께 선물했다. 아이들에게는 책을 읽으며 새롭게 알게 된 내용이나 인상 깊었던 구절에 인덱스를 붙이고, 형광펜으로 색을 칠하거나 밑줄을 긋거나, 책을 읽으며 들었던 생각을 메모하는 등 책에 나만의 흔적을 남겨오라고 이야기했다. 아이들이 눈으로만 읽던 독서에서 한 걸음 더 나아가 생각의 흔적을 남기는 능동적인 독서를 경험해 보길 바랐기 때문이다. 마침 무더운 여름이었기에, 지구온난화를 다룬 책에 더 흥미를 갖고 집중할 수 있을 거라 생각했다.

아이들은 평소 자주 읽지 않던 분야의 책을 읽어야 한다는 부담이나 두려움보다는 선물을 받은 설렘으로 "정말 책에 낙서해도 돼요?" 물으며 새로운 독서 방법에 호기심과 기대감을 보였다. 그리고 한 명도 빠짐없이 책을 읽고 모임에 참여했다. 『뜨거운 지구를 구해줘』를 읽고 모인 날, 아이들은 이야기 속 주인공들이 자신과 비슷한 또래라는 사실에 놀라워하며 "어떻게 이런 걸 하지?" 감탄을 쏟아냈다. 이날은 활동도 조금 특별하게 진행했다. 먼저 아이들이 각자 인덱스를 붙이고 책에 쓴 메모를 나누는 시간을 가졌다. 다음으로는 자신의 책을 들춰보며 각 장의 핵심 내용을 정리해 보았다.

비문학 도서는 구조가 명확해 내용을 요약하거나 정리하는 독해 연습을 하기 좋다. 하지만 처음부터 스스로 책의 내용을 간략히 정리하기는 쉽지 않기에, 나는 1장부터

7장까지 핵심 내용을 2~3문장으로 미리 정리한 뒤 중요한 단어를 빈칸으로 뚫은 활동지를 준비했다. 아이들은 책을 들춰보며 아래 예시처럼 빈칸을 채우는 활동을 했다. "빈칸을 다 채우면 젤리를 드려요!"라는 말에 아이들의 집중력은 최고조에 달했다. 자연스럽게 핵심 내용을 복기하고 요약할 수 있었다.

1장에 등장한 어린이의 이름은 ______와 ______야.
이 어린이들은 ________ 쓰레기를 치우는 일을 했어.
바닷가에서 쓰레기 줍기 해변 청소 활동을 하는 '______'을 만들고, 온라인 청원서를 쓰면서 '____', 이제는 난민 활동도 했어.

　내용을 요약한 후 빙고 게임을 이어갔다. 아이들은 책 속에서 인상 깊었던 단어나 중요한 개념을 자유롭게 써넣은 뒤 네 줄을 완성하는 빙고 게임을 즐겼다. 웃음소리와 함께 '기후', '지구', '플라스틱', '오염' 같은 단어들이 빙고판을 가득 메웠다.
　마지막으로 책을 읽고 새롭게 알게 된 점 세 가지를 나누고, 어린이 지구 영웅들처럼 자신도 지구를 위해 실천해 보고 싶은 일을 이야기하며 마무리했다. 막연하게 느낀 점을 나누지 않고 먼저 정리하고, 키워드를 새긴 후라 앞으로 무엇을 해볼지 의견을 말하자는 마지막 활동에도 막힘이 없었다. 아래는 아이들이 말해준 지구를 지키기 위한 실천법이다.

"비누에도 미세 플라스틱이 들어있다는 게 너무 충격적이었어요. 앞으로는 내가 사용하는 생활용품을 꼼꼼하게 확인해 보고 구입할 거예요!"

"집에 걸어가기 귀찮아서 자주 아빠한테 차로 데리러 와달라고 했는데, 이제 자전거를 탈 거예요. 탄소 배출 줄이기!"

동화에서 교양서로 확장하는 북클럽

고학년인데도 함께 읽는 책에서 그림책의 비중이 높을 때도 고민스러웠다. 운영자로서 나는 그림책을 읽는 시간에 다양한 글을 읽고 써볼 수 있는 워크북 활동을 도입했다. 4학년 때는 프랑스의 대표 육아 전문가 이자벨 필리오자가 30년의 노하우를 담아 펴낸 어린이 인권 워크북『놀면서 배우는 어린이 인권 수업』을 아이들 수만큼 구입해서 여러 차시에 걸쳐 함께 활동했다. 이 책은 미로 찾기, 퍼즐, 스티커 붙이기 같은 재미있는 놀이 활동과 신문 만들기, 그림 그리기, 글쓰기 등의 창의적 활동이 결합된 워크북으로, 유엔 아동 권리 협약을 큰 줄기로 삼아 어린이들이 마땅히 누려야 할 열 가지 권리를 배울 수 있다.

우리는 이 책의 다양한 활동을 함께하며 세계 곳곳에 사는 어린이들의 삶과 인권에 대해 공부했다. 특히 인상 깊었던 시간은 점자 만들기 활동이었다. 아이들은 처음 접하는 점자에 큰 호기심을 보이며 자신의 이름을 점자로 써보고, 수화로 표현해 보는 활동에 매우 몰입했다. 점자 만들기 활동을 여기서 끝내지 않고 좀 더 깊은 독서와 연결했다. 이후 시각장애를 가진 주인공이 등장하는 책과 연결해 아이들에게 깊이 있는 공감과 이해의 경험을 선물해 주었다.

5학년이 되자 학교에서 한국사를 배우기 시작했다. 이때는, 아이들의 눈높이에서 어렵지 않게 읽을 수 있는 역사책을 함께 읽었다. 계림북스의『그림으로 보는 한국사』는 제목처럼 역사의 주요 장면과 핵심을 재치 있는 그림과 함께 풀어낸 책이라 아이들이 흥미를 느낄 수 있었다. 이 책을 읽은 뒤에는 각 시대의 특징을 요약·정리하는 활동을 함께했다. 이미 핵심을 파악하는 연습을 했던 터라 아이들은 어렵지 않게 따라 했다. 각 시대의 주요 사건과 대표 인물, 문화재 등 핵심 키워드를 중심으로 내용을 정리했다. 이러한 활동을 통해 아이들은 방대한 역사 정보를 명확하게 구조화하는 독해 연습을 했다.

물론 이런 책을 읽고 요약 정리 활동을 하자고 하면 아이들 입에서 불만과 원성이 터져 나오기도 했다.

"북클럽이 아니라 학원 같아요…."

"우리 지금 공부하는 거 아니에요?"

하지만 아이들도 학원처럼 내내 이런 교양 도서만 읽는 건 아니라는 걸 안다. 리더로서 내가 해야 할 일은 동화와 비문학을 섞고 활동의 주기와 횟수를 적절하게 조절하며 균형을 잡는 일이었다. 아이들이 좋아하는 책을 마음껏 즐기면서도 새로운 분야의 책을 만나는 경험을 쌓아주었다. 창작동화가 마음을 살찌운다면, 비문학 도서는 세상에 대한 이해를 넓혀준다. 아이들이 다양한 분야의 책을 고루 만나며 감성과 사고의 균형을 키워갈 때, 북클럽은 더욱 건강한 독자로 성장하는 배움의 장이 될 수 있다.

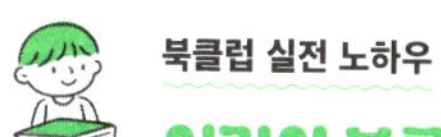

어린이 북클럽을 위한 비문학 고르는 법

비문학 도서는 아이들에게 세상을 보는 시야를 넓혀주지만, 처음엔 다소 어렵고 낯설게 느껴질 수 있어요. 아이들이 '공부'로 느끼지 않고 자연스럽게 흥미를 가질 수 있는 책을 고르는 것이 중요합니다. 아래 방법을 참고해 '재미있게 읽는 비문학'을 시작해 보세요.

1. '관심사'를 출발점으로 삼기

비문학 독서의 첫 단추는 흥미와 호기심이에요. 아이가 평소 "왜?"라고 질문하거나 TV, 유튜브, 학교 수업 등에서 관심을 보인 주제에서 출발해 보세요. 다음의 예처럼 확장하면 좋아요.

- 공룡이나 우주를 좋아한다면 → 과학 분야의 쉬운 백과사전이나 지식 그림책.
- 여행을 좋아한다면 → 세계 지도나 문화 이야기가 담긴 지리 분야의 책.
- 발명을 좋아한다면 → 어린이 발명가 이야기나 실험 중심의 책.

2. '친절함과 몰입도'를 우선으로 고르기

딱딱한 지식 나열은 아이의 흥미를 떨어뜨립니다. 얼마나 친절하고 흥미롭게 설명하는 책인가를 기준으로 선택해 보세요.

시각 자료가 풍부한 도서

글이 빽빽한 책보다 시각 자료가 풍부한 책이 접근하기 쉽습니다. 사진, 지도, 인포그래픽, 일러스트가 많은 책은 정보의 양이 많더라도 부담이 덜하며, 아이의 이해를 돕고 지루함을 덜어줍니다.

어린이가 주인공인 이야기

정보 나열식의 책보다는 이야기 구조가 있는 책이 몰입도를 높입니다. 단순히 지식을 나열하는 백과사전식 책보다, 실제 인물이나 사건의 과정을 따라가는 책을 추천합니다. 제가 아이들과 함께 읽은 『뜨거운 지구를 구해줘』처럼 실존 인물의 행동이 담긴 책은 아이들이 자신을 투영하며 읽을 수 있습니다.

워크북/활동형 도서

『놀면서 배우는 어린이 인권 수업』처럼 미로 찾기, 퍼즐, 글쓰기 등 활동이 결합된 워크북은 아이가 능동적으로 지식을 체화하고, 책 읽는 과정 자체를 놀이처럼 느끼도록 돕습니다.

3. 독서와 '현실 경험'을 연결하기

책의 내용이 아이의 실제 삶이나 경험과 맞닿아 있을 때 독서는 더욱 강력한 의미를 가집니다. 다음의 연결 고리를 활용해 보세요.

학교 진도와 연결된 읽기

5학년 때 한국사를 배우기 시작했다면 역사책으로 배경지식을 넓혀주거나, 과학 단원과 관련된 환경·기후 책을 함께 읽는 것도 좋습니다. 이렇게 하면 학교 공부에 대한 흥미와 자신감도 함께 높아집니다.

계절과 시사 이슈 활용

무더운 여름에는 기후 변화를 다룬 책을, 겨울 방학에는 동물의 겨울나기나 에너지 관련 책을, 선거철이나 세계 인권의 날 등 시사적 이슈가 있을 때는 민주주의나 인권 관련 도서를 읽어보세요. 책의 내용이 생생하게 다가와 집중도가 높아집니다.

비문학 도서를 단독으로 읽기보다 그림책이나 창작동화와 짝지어 읽는 것도 좋은 방법이에요. 예를 들어 환경을 주제로 할 때 그림책『플라스틱 섬』을 먼저 읽거나, 인권과 장애를 다룬 비문학을 읽기 전 시각장애인이 주인공으로 등장하는 동화책『손으로 보는 아이, 카밀』을 읽으면 아이들은 이야기 속 주인공의 마음에서 출발해 현실의 문제에 더 깊이 공감하고 몰입합니다.

7

북클럽에서
함께 울고 웃어요

어른들과 독서 모임을 하다 보면, 매번 한 사람쯤 꼭 눈물을 흘린다. 책을 읽고 나누다 보면 서로의 마음 깊숙한 곳을 건드리게 된다. 사실 아픈 이야기를 아무데서나 쉽게 털어놓을 수는 없는 법이다. 어디에서도 못한 이야기를 책을 매개로 나누다 보면 어느새 모임 구성원들이 모두 함께 울곤 했다. 하지만 아이들도 그럴 줄은 몰랐다. 북클럽을 시작하기 전에는 책을 읽고 눈물 흘리는 아이들의 모습은 선뜻 그려지지 않았다.

어느 날, 이지은 작가의『친구의 전설』을 함께 읽었다. 이 책은 동네에서 성격 고약하기로 소문난 호랑이와 그 호랑이의 꼬리에 딱 붙어 버린 꼬리 꽃의 이야기를 담고 있다. "맛있는 거 주면 안 잡아먹지!"를 외치며 위협을 일삼던 외톨이 호랑이는 시종일관 바른말을 쏟아내는 치명적인 매력의 꼬리 꽃과 함께 지내며 조금씩 달라진다. 꼬리 꽃은 어느새 호랑이의 일상과 마음까지 송두리째 바꿔 놓는다.

우리는 귀엽고 사랑스러운 이야기의 흐름을 따라가며 유쾌하게 웃었다. 하지만 마지막 장면에 가까워질수록 아이들의 표정이 달라졌다. 호랑이와 꼬리 꽃이 맞이하는 이별 앞에서 모두가 숨을 죽였다. 책을 읽는 내 목소리도 점점 잠겨오기 시작했다. 한 친구의 눈에는 그렁그렁 눈물이 맺혔고, 또 다른 친구는 "힝 어떡해요…." 하며 눈물을 뚝뚝 흘렸다. 목구멍으로 차오른 울음을 애써 누르며 글을 읽던 나 역시 결국 참지 못하고 일어나 휴지를 가져왔다. 우리는 사이좋게 휴지를 나눠 쓰며 눈물을 훔쳤다. 아이들은 "진짜 너무 슬퍼요…."라고 말하며 책이 전해준 마음의 울림을 함께 나눴다.

한 권의 책에 함께 몰입하는 일은 종종 일어났다. 몽골 전통 악기 '마두금'의 유래를 담은 그림책『수호의 하얀 말』을 읽던 날도 그랬다. 아이들은 주인공 수호가 정성껏 기르던 하얀 말을 억울하게 빼앗기는 장면부터 분노하기 시작했다.

"왜 저래요? 저럴 수가 있어요?"

"진짜 나빴어요! 저건 도둑이에요!"

목소리는 점점 커지고, 얼굴에는 분노와 흥분이 서렸다. 하얀 말이 온몸에 화살을 맞고 간신히 수호에게 돌아와 숨을 거두는 장면에 이르자, 이렇게 하얀 말을 잃을 수는 없다며 아이들은 마치 자신이 수호가 된 듯 몰입해 눈시울을 붉혔다. 안타까움과 슬픔이 복받쳐 올랐다.

책을 덮은 뒤, 아이들은 하얀 말에게 "하늘에서도 잘 지내.", "아픔 없이 편안하길 기도할게."라고 편지를 쓰며 명복을 빌었다. 그리고 수호처럼 부당한 일을 겪는다면 어떻게 대응할 수 있을지에 대해서도 뜨겁게 토론했다.

"그냥 참으면 안 돼요!"

"마을 사람들과 다같이 몰려가서 항의해야 해요!"

"112에 신고해야죠!"

분노와 슬픔이 뒤섞인 감정 속에서도, 아이들은 한 권의 책을 읽고 정의와 용기, 연대에 대해 고민하고 나누었다.

책으로 나누는 감정의 파도

초등 고학년 여자아이들이 특히 좋아하는 책이 있다. 이꽃님의 『세계를 건너 너에게 갈게』이다. 이 책을 읽고 모인 날, 아이들은 모임 장소에 들어서자마자 난리가 났다. 자리에 앉기도 전에 서로에게 쏟아내듯 물었다.

"나는 책 읽다 펑펑 울었잖아, 너도 울었어?"

"너는 어디서부터 울었어?"

아이들은 울었다는 걸 확인하고는 눈물이 그렁그렁 맺힌 정도였는지, 또르르 흘러내릴 만큼이었는지, 아니면 휴지를 찾아야 할 정도로 엉엉 울었는지까지도 따졌다. 누가 먼저랄 것도 없이 서로의 감정선을 확인하며 정신없이 이야기꽃을 피웠다. 나는 끼어들 틈이 없었다.

"과거의 은유랑 현재의 은유가 어떤 관계인지 언제 눈치챘어? 난 보내지 못한 편지 읽기 전까지 전혀 몰랐어!"

"난 중간부터 눈치챘어. 그냥 너무 티 나지 않았어?"

“난 모르겠던데. 나도 거의 마지막에 눈치채고 완전 울었어.”

그날의 모임은 감정의 롤러코스터 그 자체였다. 아이들은 책 속 주인공의 감정선에 완전히 올라타 쉴 새 없이 질문을 던지고 열띤 반응을 주고받았다. 시공간을 건너며 오가는 편지 형식의 서사가 특히 신선했다며 책의 구성과 매력도 칭찬했다. 이 책을 추천한 하윤이에게 아이들이 박수를 쳤고, 모두가 입을 모아 “올해 읽은 책 중 최고!”라는 찬사를 보냈다. 아이들과 함께 “내가 은유였다면 마지막 편지를 받고 어떤 기분이었을까?” 그리고 “15살이 될 때까지 엄마에 대해 아무 말도 해주지 않은 아빠의 마음을 나는 이해할 수 있을까?”로 이야기를 나누었다.

아이들은 주인공의 입장이 되어 은유가 느꼈을 감정을 더듬어 보았다. 이어서 기다렸다는 듯 아이들이 가족에 대해 갖고 있는 솔직한 감정도 꺼내 놓았다. 십 대 초반이 되면 슬슬 가족의 모습이 이해되지 않을 때가 있기 마련. 아이들은 그런 이야기를 털어놓았다. 또한 가족이 밉고 원망스러웠던 순간들도 솔직하게 나누었다. 그 어느 때보다 북클럽의 열기가 뜨거웠고 서로의 이야기에 깊이 공감했다.

책 이야기를 이렇게 진심을 다해 나눌 수 있다니! 솔직히 나는 믿을 수가 없었다. 아이들이 좋아하는 영화나 드라마는 물론, 게임조차도 이보다 더 열정적으로 이야기를 나누긴 어려울 것 같았다. 이것이 바로 문학이 가진 힘이란 걸 생생하게 깨달으며 찡한 감동이 밀려왔다. 문학은 우리 마음속 깊은 곳을 비추는 거울이 되어주었고, 서로를 더 깊이 이해하게 만드는 창이 되어주었다. 우리는 함께 울고 웃으며 그 힘을 끌어안았다. 그렇게 조금씩 더 단단해지고, 조금씩 더 가까워졌다.

문학 읽기에서 주의해야 할 점

아이와 함께 문학 작품을 읽다 보면 어른은 종종 앞서 나가게 됩니다. 작품을 통해 더 유익한 것을 남겨주고, 바람직한 방향으로 이끌어주고 싶기 때문입니다. 하지만 문학은 가르쳐야 할 지식이 아니라 함께 누려야 할 경험이에요. 문학을 살아 있는 경험으로 만들기 위해 어른이 특히 경계해야 할 주의점을 소개합니다.

1. '메시지'와 '교훈'의 함정에서 벗어나기

문학을 읽은 뒤 어른들은 "이 책이 주는 교훈은 뭘까?"라는 질문을 던지곤 합니다. 하지만 이야기를 하나의 주제로 정리하는 순간, 인물의 복잡한 감정과 아이의 다양한 해석 가능성은 함께 닫혀버립니다. 문학은 분명한 답을 주는 것이 아닌 여운과 질문을 남기는 예술입니다. 명확한 메시지를 찾아내기보다, 마음에 남는 장면이나 감정을 나누도록 이끌어 주세요. "무엇을 배웠니?"라는 질문 대신 "어떤 장면이 인상적이었니?"라고 물어볼 때, 문학은 아이의 삶과 더 깊게 연결됩니다.

2. 인물의 선택을 '옳고 그름'으로 판단하지 않기

문학 속 인물은 모범 답안을 보여주기 위해 존재하지 않습니다. 흔들리고, 실수하며, 때로는 이해하기 어려운 선택을 하기도 합니다. "주인공이 너무 이기적이지 않니?", "이런 행동은 나쁜 거야" 같은 단정적인 평가는 아이의 상상력과 공감의 폭을 제한합니다. 인물의 선택을 윤리적으로 판단하기에 앞서 "주인공은 왜 그런 마음이 들었을까?", "어떤 상황이 그런 선택을 하게 만들었을까?"와 같은 질문을 통해 인물의 내면과 상황을 입체적으로 살펴보게 해주세요.

3. 아이의 해석을 고쳐주지 않기

아이가 엉뚱한 해석을 내놓거나 어른의 상식과 다른 말을 할 때, 우리는 그것을 '교정'해주고 싶은 유혹을 느낍니다. 하지만 문학 읽기에서 중요한 것은 해석의 완성도가 아니라 '그렇게 느낀 근거'를 찾아가는 과정입니다. 아이의 투박한 말 속에는 특정 문장이나 장면, 분위기와 연결된 감정의 실마리가 숨어 있습니다. 아이의 해석이 서툴더라도 그 자체로 존중해주세요. 어른의 역할은 아이가 자신의 느낌을 텍스트와 연결해 말할 수 있도록 돕는 것입니다.

4. 의미를 서둘러 정리해 주지 않기

문학은 명쾌한 이해보다 짙은 여운이 먼저 남는 읽기입니다. 어른이 먼저 장면의 의미를 설명하거나 작가의 의도를 단정해 버리면, 아이는 더 이상 스스로 생각할 필요를 느끼지 못합니다. 이야기를 다 이해하지 못한 채 남겨진 묘한 감정, 혹은 설명하기 어려운 찜찜함과 질문은 문학 읽기에서 지극히 자연스러운 과정입니다. 어른 역시 인물의 행동이 이해되지 않거나 결말이 당황스러울 수 있음을 솔직하게 고백해 보세요. "왜 그렇게 된 걸까?"라며 함께 머리를 맞댈 때, 자유로운 대화 속에서 문학적 체력이 길러집니다.

8

독자에서 비평가로,
쓰기가 즐거운 어린이

　북클럽 초기에는 활동지 질문이나 대화 대부분이 책 속 인물의 감정을 이해하고, 등장인물의 선택이나 사건에 대한 자신의 생각을 나누는 데 집중했다. 아이들은 이야기 속 상황에 몰입하며 자신의 경험을 꺼내 놓고, 때로는 등장인물의 감정에 깊이 공감하며 대화를 이어갔다. 그렇게 이야기에 빠져들며 읽는 즐거움을 충분히 누린 뒤, 나는 서서히 책에 대한 비판 혹은 비판적인 질문을 던졌다. 처음엔 "이 책을 다른 친구들에게도 추천해 주고 싶은가요?" 같은 단순한 질문을 던졌다. 아이들은 대체로 '추천합니다'에 동그라미를 치고, 두세 가지 이유를 적었다. 이 질문에 대해 아이들이 단골로 적어내는 답은 대략 세 가지였다. 1위는 "재미있어서", 2위는 "다른 사람 생각이 궁금해서", 그리고 마지막은 "그림이 귀엽고 예뻐서"였다.

감상에서 비평으로, 한 걸음 더

짧고 단순했던 의견은 아이들의 학년이 올라가고 북클럽 경험이 쌓이면서 조금씩 달라지기 시작했다. 고학년이 되자 단순한 감상에서 책을 깊이 읽고 평가하려는 시도가 자연스럽게 나타났다. 우리는 별점을 매긴 뒤 그 이유를 나누기도 하고, 어떤 점이 특히 좋았고 어떤 부분은 아쉬웠는지 솔직하게 이야기하는 시간을 자주 가졌다. 문학상을 받은 책을 함께 읽었을 땐 "내가 심사위원이라면 이 책에 상을 줄까?"를 고민하며 심사평을 써보는 활동도 했다. 아이들은 단순히 '좋다' 혹은 '별로다'라는 말에서 벗어나, 왜 그렇게 느꼈는지, 어떤 점이 판단에 영향을 미쳤는지를 점점 더 구체적으로 표현하기 시작했다.

"별점은 5개 만점에 4.1개예요. SNS에서 일어날 수 있는 문제들이 흥미진진하긴 했지만 결말이 좀 허무했어요. 너무 갑작스럽게 끝난 느낌이에요.”

“좋았던 점은 이야기가 단순해서 전체 관람 OK. 저학년도 잘 볼 수 있다는 거고요. 별로였던 점은 내용이 다 예상 가능해서 좀 지겨웠어요. 새롭고 신선한 재미가 없음!”

“이렇게 해야 한다고 가르치려는 의도가 너무 뻔히 보여서 별로였어요. 교훈적인 책은 사절! 어린이들은 재미있는 이야기를 읽고 싶다고요!”

아이들은 이야기의 구조를 분석하고 책에 담긴 작가의 의도를 읽어내는 눈을 키워갔다. 그림책을 함께 보더라도 이야기를 넘어 그림과 구성을 바라보는 시선이 깊어졌다. 캐릭터를 표현하는 방식과 색감은 물론, 글씨체의 특징이나 전체적인 조화까지 언급하며 작품의 완성도를 평가했다. 더 이상 ‘어린’ 독자라 부르기 어려울 정도였다. 책을 통해 감정과 경험을 나누던 아이들이 이제는 책을 하나의 작품으로 바라보며 해석하고 설명하는 ‘작은 비평가’가 되어갔다.

자신 있게, 자유롭게 하는 글쓰기

책을 깊이 읽고 자신의 생각을 말하는 데 익숙해진 아

이들은 글쓰기도 한결 자신 있게 했다. 초기에는 A4 용지 반쪽 분량의 활동지를 채우는 정도였지만, 시간이 지날수록 글을 쓰는 속도가 빨라졌고, 주저함이 없었다. 나는 말풍선, 포스트잇, 줄 노트, 원고지 등 다양한 형식으로 쓰기를 제안했다. 책에서 영감을 받아 나만의 이야기를 써보는 날에 아이들은 원고지 열 장을 넘게 채우며 열정을 불태웠다. 스스로 제목을 붙이고 완성한 작품을 돌아가며 읽고, 친구의 글에 대한 감상을 포스트잇에 적어 주고받기도 했다.

글쓰기의 형식도 점점 다양해졌다. 어떤 날은 빈 종이를 자르고 엮어 나만의 그림책을 만들었고, 또 어떤 날은 책을 광고하는 홍보물을 제작하기도 했다. 특히 마음이 간 등장인물이나 작가에게 편지를 쓰거나, 책 속 문장을 활용해 나 자신과 주변 사람들을 소개하는 글도 써봤다. 가정주부인 아빠와 펑크록 가수 엄마 사이에서 태어난 아기 펭귄 보보의 이야기가 담긴『날고 싶은 아기 펭귄 보보』를 읽은 날, 4학년 하윤이가 쓴 가족 소개 글은 나를 빵 터지게 만들었다.

아빠 : 편의점에서 일하고 있다. 게임에 열정적이고 선물을 많이

가져온다. 다른 집과 다르게 아빠가 요리를 한다.

엄마 : 작가이고, 다른 사람들과 다르게 음료수와 술을 싫어한다. 책을 좋아한다. 요리는 안 한다.

생크림(반려묘) : 먹고 자고 싸고가 자기 일이다. 가끔 사람 같은 면이 있다.

그리고 작가 소개 글을 참고해 쓴 '나 소개 글'에는 이렇게 적었다.

나는 유아스포츠단을 졸업하고 ○○초등학교에서 열심히 공부하고 있다. 경기도 광주에서 3살까지 살았지만 지금은 서울시 노원구에서 자라고 있다. 풍경을 창작의 소재로 삼는 걸 좋아하며 고양이에 관심이 많다. 내 취미는 나의 하루 쓰기, 풍경 그리기, 고양이 돌보기, 캐릭터 그리기이다. 내 옆에는 항상 갤럭시 워치와 고양이가 있다.

작가의 체험을 바탕으로 만든 그림책 『바닷가 아틀리에』를 읽은 날에는 제법 성숙한 감상평을 남겨 나를 놀라게 하기도 했다.

"저에게 가장 큰 영향을 준 사람은 엄마 아빠입니다.

저는 엄마 아빠에게서 욕구를 표현하는 방법을 배웠습
니다."

글의 길이와 상관없이 아이들의 문장은 언제나 생생하
게 펄떡였다. 아이들은 점점 더 적극적으로 이야기를 만
들고 나눴다.

생활이 된 글쓰기, 창작자로 자라난 아이들

북클럽에서 시작된 글쓰기는 모임 시간이 끝난 뒤에도
아이들의 일상에서 조용히 이어졌다. 특히 하윤이는 시
기마다 블로그, 공책, 또래들과 소통하는 메타버스 플랫
폼 등 다양한 공간에 글을 쓰며 자신만의 이야기를 꾸준
히 쌓아갔다. 아이의 방에는 재미있는 이야기, 무서운 이
야기, 반전 넘치는 이야기를 담은 창작 노트가 가득하고,
일상을 기록한 일기장도 여러 권 있다. 그렇게 쌓인 글쓰
기는 초등학교를 지나 중학생이 된 지금까지도 계속되고
있다. 얼마 전에는 국어 수업의 수필 쓰기 수행평가에서
좋은 평가를 받기도 했다.

"장면 장면이 살아있는 글쓰기라 몰입해서 재미있게
읽을 수 있었어요."

　과제를 제출하기 전, 선생님께 받았다는 중간점검 피드백 쪽지 속 문장을 보고 절로 웃음이 났다. 북클럽에서 다양한 글쓰기를 함께 즐겼을 뿐, 아이의 글을 따로 가르치거나 지적한 적은 없었다. 그럼에도 글은 자라고 있었다. 결국 좋은 글쓰기에 필요한 건 특별한 재능이나 뛰어난 기술이 아니라 글을 쓰고 싶은 마음과 이야기를 발견하는 시선이라는 걸 다시금 깨달았다. 책을 읽고 느끼며, 자신의 목소리를 찾아 글로 풀어내는 과정 자체가 이미 훌륭한 글쓰기 훈련이었다. 그렇게 쌓인 이야기들이 아이를 성장시키고 있었다.

　아이들은 이야기를 읽는 독자에서 시작해 비평하고 표현하며 스스로 이야기를 만들어내는 창작자로 성장했다. 글쓰기는 숙제가 아닌 일상이 되었고, 누가 시키지 않아도 자신만의 언어로 세상을 바라보고 기록하는 사람이 되어갔다. 북클럽에서 함께한 시간은 자신을 들여다보고, 타인을 상상하며, 삶을 더 깊이 바라보는 눈을 키워가는 여정이었다. 책을 읽고, 말하고, 쓰는 활동이 차곡차곡 쌓이며 아이들의 마음과 사고는 점점 더 섬세해졌다.

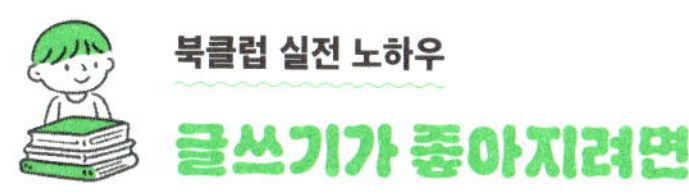

글쓰기가 좋아지려면

아이에게 글쓰기를 '가르치기'보다 먼저 해야 할 일은 '쓰고 싶은 마음'을 만들어주는 거예요. 억지로 글을 써야 하는 분위기보다 생각이 저절로 떠오르고 손이 자연스럽게 움직이는 환경에서 아이의 글쓰기는 훨씬 부드럽게 자라납니다. 아래 방법들을 참고해 즐겁게 글을 이어갈 수 있는 분위기를 만들어주세요.

1. 놀이처럼, 다양한 글쓰기 시도하기

글쓰기를 정해진 형식의 숙제가 아닌 흥미로운 놀이처럼 접근해 보세요. 독후 활동으로 정식 독서록을 쓰기보다, 그림책 속 인물의 말풍선에 하고 싶은 말을 적거나, 포스트잇에 책에 대한 짧은 메모를 남기고, 채팅창 대화처럼 등장인물과 대화를 주고받는 글을 써보는 것도 좋은 시작입니다. 자유롭고 편안한 환경은 글쓰기에 대한 거부감을 낮추고, 아이에게 쓰고 싶은 마음을 자연스럽게 불러일으킵니다.

2. 활동지에 간단한 글쓰기 가이드 담기

자신의 생각을 어떻게 정리하고 표현해야 할지 어려움을 느끼는 아이에겐 간단한 글의 구조를 제시해 주는 것이 큰 도움이 됩니다. 논리적인 글쓰기가 필요한 활동에서는 아래와 같은 예시처럼 문장 시작 형태를 제공해 보세요.

- 의견 제시 : 나는 ○○의 생각에 (동의한다 / 동의하지 않는다)
- 이유 설명 : 왜냐하면, ______________________________
- 정의 내리기 : 내가 생각하는 ○○이란, ____________________

이렇게 글의 뼈대를 제공하면, 아이는 자신의 생각을 어떤 순서로 배치해야 할지 알게 되어 논리적인 말하기와 글쓰기를 자연스럽게 익힐 수 있습니다.

3. '책 속 문장 따라쓰기'로 문장력 키우기

책을 읽다가 좋은 문장을 발견했다면, 그 문장의 구조는 그대로 유지하되 아래처럼 내용을 아이의 생각이나 경험으로 바꾸어 써보게 해보세요. 책 속 문장을 바꾸어 써보는 활동은 문장의 리듬과 구조를 익히는 동시에, 틀에 갇히지 않는 창의력과 표현력을 키우는 훌륭한 연습이 됩니다.

원문 : "내 마음속에는 여름이 살고 있다"

아이의 글 : "내 마음속에는 고양이가 살고 있다"

4. 맞춤법보다 마음에 집중하기

글쓰기를 시작하는 단계에서는 처음부터 잘 쓰려는 부담감을 없애주는 것이 중요합니다. 아이가 쓴 글을 평가할 때, 맞춤법이나 띄어쓰기 규정보다 글에 담긴 마음과 생각에 초점을 맞춰 피드백 해주세요. "그 장면이 생생하게 상상됐어.", "이 생각 나도 해봤는데!"와 같은 공감의 피드백은 글쓰기를 '고쳐야 할 숙제'가 아닌 '함께 나누는 기쁨'으로 느끼게 해줍니다.

초보도 OK!
북클럽 실전 가이드

1

독서교육 전문가도 아닌데
어린이 북클럽을 이끌 수 있을까요?

“미숙한 제가 북클럽을 이끌 수 있을까요?”

내가 직접 독서 모임을 만들어야겠다고 마음먹었을 때, 나도 같은 고민을 했다. 책 모임 운영자라고 하면 책을 많이 읽고 잘 아는 사람, 대화를 매끄럽게 이끌고 분위기를 주도할 수 있는 사람, 많은 경험과 혜안을 바탕으로 지혜로운 조언을 해줄 수 있는 사람이어야 할 것 같았다. 경험도 없고 낯을 가리는 내가 그런 역할을 해낼 수 있을까 두려웠다. 전문성이 없는 나는 자격이 없는 사람처럼 느껴졌다.

하지만 막상 모임을 시작해 보니, 독서 모임은 운영자가 혼자 이끌어가는 자리가 아니었다. 내 역할은 시간과 장소를 정하고, 함께할 사람들을 마주 앉게 하는 것만으로 충분했다. 함께 읽을 책을 정하고, 나눌 이야기를 고르고, 모임 시간을 채워가는 일은 모두가 함께 만들어갔다. 같은 책을 읽고 각자의 생각을 나누며 서로의 말에 귀 기울이는 사이, 모임은 자연스럽게 '우리의 것'이 되어갔다. 모두가 함께 성장하며 점점 더 깊어졌다.

아이들과의 북클럽도 다르지 않았다. 책에 대한 해박한 지식이나 아이들을 다루는 전문성이 없어도 괜찮았다. 고전부터 신간까지 어느 것도 놓치지 않고 좋은 책을 골라 읽도록 해야 한다는 부담은 처음부터 내려놓았다. 대신 아이들이 직접 책을 추천하고 함께 고르게 하면서, 나의 부담은 줄이고 아이들의 책을 보는 안목은 키워주었다. 북클럽의 진행과 운영 방식도 아이들과 함께 만들어갔고, 그 과정 속에서 자연스럽게 우리만의 리듬이 생겨났다.

북클럽 시작 전, 가장 먼저 필요한 것

이제 막 북클럽을 시작하려는 사람들에게 가장 먼저

필요한 건 뭘까? 내가 북클럽을 운영해 보며 느꼈던 건 바로 진심과 태도였다. 책을 재미있게 읽는 마음과 그 재미를 아이들과 함께 나누고 싶은 마음. 그러기 위해서는 내가 먼저 책에 마음을 열어야 한다. 그림책이든 동화책이든, 어른인 내가 먼저 진심으로 감동하고 즐겁게 읽어야 아이들도 그 마음을 느낄 수 있다.

아이들은 어른의 마음을 잘 읽는다. 내가 의무감으로 책장을 넘기고 뭔가를 가르치려 드는지, 아니면 책에 푹 빠져서 느낀 감동을 신나게 나누고 싶어 하는지. 아이들은 그 차이를 정확히 안다. 내가 먼저 '감응하는 읽기'를 실천할 때, 아이들도 마음을 열고 대화의 씨앗을 틔운다.

무언가를 가르치려고 애쓰지 않아도 된다. 거창한 활동지에 앞서 필요한 건, '함께 읽는 재미'를 느끼는 순간이다. 최근에 푹 빠져 본 드라마 얘기를 하듯, "그 장면 진짜 웃기지 않았어?", "그때 얘는 왜 그랬을까?" 같은 말을 가볍게 던지면 된다. 독서 '토론'이라는 말이 주는 묵직한 부담을 내려놓고, 수다 떨듯 신나게 이야기하는 '책 수다'의 즐거움을 누리는 것. 이야기는 그 안에서 자연스럽게 시작된다.

이야기의 시작은 어떻게 열어야 할까요?

아이들을 모아놓고 이야기를 끌어내려고 하면 처음에는 막막하다. 내 경험을 더듬어 보면 대화를 자연스럽게 시작하는 데 도움이 되는 질문이 있다. 그림책 독서 모임에서 내가 첫 번째로 던지는 질문이기도 하다.

"가장 기억에 남는 페이지를 골라볼까요?"

성인도 아이들도 이 질문을 받으면 다시 책을 펼친다. 천천히 책장을 넘기며 장면을 되짚는다. 한 아이가 고른 페이지는 또 다른 아이의 생각을 자극한다. 서로 같은 장면을 고른 아이들은 손을 맞잡으며 공감의 기쁨을 나눈다. 만약 친구가 다른 장면을 골랐다면 아이는 자신이 놓쳤던 장면을 새롭게 발견하는 기쁨을 누린다.

기억에 남는 장면을 고르는 일은 누구나 부담 없이 참여할 수 있다. 말이 많지 않은 아이들도 손가락으로 페이지를 가리키거나 조용히 책을 펼쳐 보여주며 자신의 의사를 표현한다. 처음부터 이유를 설명하지 않아도 괜찮다. 경험이 쌓일수록 아이들은 왜 그 장면이 좋았는지를 스스로 생각하고 말로 표현하며 점점 더 구체적인 언어로 자신의 생각을 만들어간다.

첫 질문을 던지고 난 후에는 미리 준비해 둔 활동지가 길잡이가 되어준다. 활동지에 담긴 질문들을 하나씩 나누며 이야기를 자연스럽게 이어갈 수 있다. 하지만 꼭 활동지에 얽매일 필요는 없다. 아이들과 대화를 나누다 보면 활동지의 흐름과는 다른 주제나 생각이 불쑥 튀어나올 때가 있다. 그럴 땐 굳이 흐름을 끊지 않고, 아이들이 만들어낸 이야기의 방향을 따라간다. 예상하지 못했던 아이들의 질문이 새로운 관점을 열어주기도 하고, 그 안에서 중요한 감정이 툭 튀어나오기도 한다.

이야기가 책에서 너무 멀어져 사적인 잡담으로 흘러간다 싶을 때는, 다시 활동지에 담긴 질문으로 중심을 돌려준다. 활동지는 쉽게 이탈할 수 있는 항해의 든든한 방향키가 된다. 흐름을 유연하게 받아들이면서도 다시 중심으로 이끌어 균형을 잡는 일. 어린이 북클럽 운영자의 역할은 바로 여기에 있다. 책 수다라는 항해를 아이들과 함께 즐기며, 가볍게 방향키를 쥐고 있으면 된다.

무엇보다 중요한 건, 아이들의 말을 진심으로 듣는 태도다. 아이들은 자기가 한 말에 온전히 집중해 주는 어른을 바란다. 다른 일을 하면서 흘려듣는 게 아니라, 내가 한 말에 귀 기울여 반응해 주는 순간을 기다린다. 하지만 현실에서 그런 시간은 많지 않다. 양육자들은 늘 여러 가지 일을 동시에 해야 한다. 가사, 업무, 다른 형제자매의 돌봄까지 함께하며 아이의 말에만 집중하기는 쉽지 않다. 학교에서도 마찬가지다. 아이들이 선생님과 일대일로 깊이 있는 이야기를 나눌 기회는 거의 없다.

그래서 북클럽 시간에는 무엇보다 '경청'이 중요하다. 모임을 '이끌겠다'는 마음보다 아이들의 이야기를 '들어주겠다'는 자세를 우선할 때, 아이들은 마음을 열고 자기 생각을 말하기 시작한다. '내 이야기를 이렇게 집중해서 들어주는 어른이 있다'는 강한 지지를 경험하면서, 아이들은 자신이 존중받고 있다는 걸 느낀다. 더 깊고 풍성한 이야기를 꺼내 놓는다.

이렇게 쌓인 신뢰는 나에게도 소중한 선물이 된다. 일상에서는 너무 가까운 존재였기에 들을 수 없었던 내 아이의 진짜 마음을 북클럽 시간에는 들을 수 있다. 평소에는 속내를 잘 이야기하지 않던 아이도 엄마에서 조금 떨어져 제3자의 위치에 선 나에게는 솔직한 이야기를 들려줬다. 책은 그저 이야기의 시작일 뿐. 우리는 조금 다른 자리에서 또 다른 서로를 만나며, 조금 더 깊은 마음을 나눌 수 있다.

2

오래가는 북클럽의 비밀
-멤버 구성과 운영을 어떻게 하죠?

"저희는 이번 달까지만 할게요."

북클럽을 하다 보면 이별의 순간이 찾아온다. 모든 아이가 계속 함께할 수는 없다. 엄마 둘, 아이 둘의 오붓한 북클럽으로 시작해 3학년 2학기에 다시 문을 연 우리 모임은 4학년이 된 다음 해에 첫 번째 이별을 했다. 한 살 어린 동생이 제주도로 이사 가며 헤어지게 된 것이다. 아이들은 제주도에 가서 강아지를 키운다는 소식에 부러워하며 진심으로 응원을 건넸지만, 빈자리의 허전함은 쉽게 사라지지 않았다. "라온이가 보고 싶어요.", "5명이 있다가 4명만 있으니까 너무 허전해요."라고 말하며 오랫동안 그리움을 표현했다.

멤버가 줄어들면, 어떻게 해야 할까요?

첫 번째 이별 후 우리는 새 멤버를 모집하지 않았다. 북클럽을 처음 기획할 때 생각했던 적정 인원이 4명이었던 터라, 동갑내기 아이 넷만으로도 모임은 안정적으로 이어졌다. 아이들은 더 끈끈해졌고, 북클럽은 4학년이 끝날 때까지 변함없이 계속되었다.

모임을 이끄는 입장에서 중요한 것은 '인원 수'보다 '관계의 안정성'이다. 그만두는 친구가 있어도 남은 인원으로 충분히 모임을 이어갈 수 있다면, 굳이 서둘러 새 멤버를 채우지 않아도 괜찮다. 기존의 리듬을 유지하는 것도 좋은 선택이다.

하지만 멤버 충원이 꼭 필요한 순간도 있다. 아이들이 5학년으로 올라가는 시점에 두 번째 이별이 찾아왔다. 두 명의 친구가 학원 시간과 겹쳐 북클럽에 참석할 수 없게 된 것이다. '이대로 잠시 쉬어야 할까?' 고민도 했지만, 북클럽을 멈추고 싶진 않았다. 남아 있던 두 아이와 상의한

끝에, 새로운 친구를 받아보기로 했다.

마침 주변에서 북클럽에 관심을 보이던 엄마들이 있었고, 남은 아이들이 한 명씩 가까운 친구를 데리고 오면서 동갑내기 아이 두 명이 새롭게 합류했다. 북클럽을 오래 운영하다 보니 자연스레 모임 활동에 관심을 갖는 양육자나 아이들이 생겨, 비교적 어렵지 않게 충원을 할 수 있었다.

하지만 바로 합류할 친구가 주위에 없을 경우에는, 처음 북클럽을 시작했을 때처럼 블로그나 지역 커뮤니티 등을 통해 모집 글을 올리는 방법도 있다. 우리도 첫 시즌 멤버는 온라인을 통해 모집했기 때문에, 상황에 따라 다양한 방식으로 문을 열어두는 유연함이 도움이 된다.

새 친구들이 처음 참석한 날, 기존 멤버 아이들은 각자의 친구를 챙기며 자연스럽게 분위기를 이끌었다. 친한 친구가 함께 있는 자리였기에 어색함은 금세 사라졌고, 북클럽은 금방 활기를 되찾았다. 그렇게 구성된 멤버들은 졸업할 때까지 단 한 번의 이탈 없이 북클럽을 함께 이어갔다. 오랜 시간 함께할 수 있는 친구들을 만나 꾸준히 모임을 지속할 수 있었던 건, 큰 행운이자 감사한 일이었다.

북클럽 멤버 성별은 어떻게 구성하나요?

의도한 것은 아니었지만, 북클럽의 멤버들은 모두 여자아이들이었다. 성별에 제한을 두지 않고 신청을 받았음에도 우연히 딸을 둔 양육자들이 모이게 된 것이다. 아이들은 한 번의 갈등 없이 원만한 관계를 유지했고, 같은 성별의 친구들끼리 모이다 보니 발달 시기에 맞춰 성교육을 함께 듣거나 월경을 다룬 책을 읽으며 예민한 주제도 가감 없이 나눌 수 있었다.

남자아이들로만 구성된 북클럽 또한 긍정적인 힘을 보여준다. 주변에 5학년 남자아이 다섯 명이 함께 하는 북클럽이 있다. 그곳 역시 한 아이의 엄마가 운영자가 되어 일주일에 한 번 만나 책을 읽고 나눈다. 평소에는 토요일 오전에 모임을 갖고, 방학 때는 운영자의 집에서 매일 만나 함께 책을 읽은 뒤 보드게임을 즐긴다고 했다. 아이들을 매일 집으로 초대하는 게 힘들지 않냐는 질문에 북클럽을 운영하는 엄마는 이렇게 대답했다.

"이런 시간을 만들지 않으면 하루 종일 방에서 휴대폰 게임만 하니까요."

방학 중에 읽을 책을 3~4권씩 가지고 와 쌓아놓고 돌아가며 읽게 하니, 아이들은 어떤 책을 가지고 갈지 고르는 것부터 신이 나서 방학 내내 친구들과 재미있게 책을 읽었다고 한다. 그는 전에는 늘 "책 읽었니?" 하고 물으며 아이에게 잔소리를 해야 했는데, 북클럽을 시작한 뒤로는 알아서 읽고 무엇보다 책 읽는 걸 좋아한다며 놀라움을 전했다. 친구들과 함께 읽는 즐거움이 독서를 스스로 하고 싶게 만드는 원동력이 된 것이다.

북클럽은 아무래도 가깝게 지내는 친구들끼리 모여 시작하는 경우가 많다 보니, 단일 성별로 구성되는 경우가 흔하다. 물론 성별이 섞였을 때 생기는 장점도 있다. 북클럽은 책을 매개로 서로 다른 시선과 감정을 나누는 자리이기 때문에, 구성원의 다양성은 이야기를 더 풍성하게 만드는 힘이 된다. 물론 성별이 섞이면 분위기가 달라질 수 있고 때로는 조정이 필요할 수도 있다. 하지만 잘만 운영된다면 훨씬 더 넓은 시야와 열린 사고를 키울 수 있는 소중한 기회가 될 것이다.

나이는 꼭 동갑이 좋을까요?

다양성은 성별뿐 아니라 나이에서도 마찬가지였다. 내

경우 북클럽에 아이들보다 한 살 어린 동생이 있었다. 실제로 운영해 보니 나이나 학년이 꼭 같을 필요는 없었다. 언니들은 동생을 잘 챙겼고, 학년이 달라 소외될 수 있는 주제는 자연스럽게 조절하며 배려하는 분위기가 만들어졌다. 도리어 구성원이 다양해지면서 북클럽이 단순히 책을 읽고 이야기 나누는 자리를 넘어, 함께 자라고 성장하는 기회로 거듭날 수 있었다.

이후 멤버가 모두 같은 학년으로 구성되었을 때는 또 다른 장점이 있었다. 학교에서 배우는 내용이나 시험 이야기, 관심 있는 주제들이 겹치면서 공감대가 넓어졌고, 이야기의 깊이나 속도도 자연스럽게 맞아갔다. 아이들은 책 이야기뿐 아니라 일상과 감정도 함께 나누며 점점 더 가까워졌다. 결국 동갑이든 나이가 다르든 중요한 것은 서로를 존중하고 배려하는 분위기다. 구성 방식에 따라 각기 다른 장점이 있으므로, 어떤 형태이든 나름의 의미와 깊이를 가진 좋은 모임이 될 수 있다.

모임 안내하는 방법

멤버 구성이 완료된 후 가장 먼저 해야 할 일은 양육자들 간의 원활한 소통 창구를 마련하는 것이다. 나는 북클럽을 시작할 때 양육자들을 단체 채팅방에 초대했다. 이 채팅방은 모임 전반을 안내하고 일정을 조율하며, 갑작스러운 상황이 생겼을 때 신속하게 소통하는 창구로 활용되었다.

책 선정은 아이들과 상의해 결정했고, 정해진 책과 모임 일정이 정리되면 8~10주간의 일정표를 표 형태로 만들어 공유했다. 일정표에는 책 제목, 모임 날짜, 준비물 등을 간단히 담아두어, 미리 책을 준비하고 일정을 예측하는 데 도움이 되었다. 형식은 크게 상관이 없지만 나는 일시와 도서 그리고 미리 준비할 사항이 한눈에 들어오도록 아래처럼 일정표를 공유했다.

회차	날짜	도서	준비
1	5월 23일	하윤 추천도서 『세계를 건너 너에게 갈게』, 이꽃님 지음, 문학동네	책을 집에서 읽고 참여할 수 있도록 도서를 준비해 주세요.
2	5월 30일	선생님 추천 그림책 읽고 활동	
3	6월 13일	린이 추천도서 『작별 인사』, 구드룬 멥스 글, 욥 뮌스터 그림, 시공주니어	책을 집에서 읽고 참여할 수 있도록 도서를 준비해 주세요.
4	6월 20일	선생님 추천 그림책 읽고 활동 친구들 추천 도서 선정	추천하고 싶은 책 생각해 오기

간혹 모임 당일 갑작스러운 일정 변경이나 취소가 필요할 때도 단체 채팅방을 통해 빠르게 안내하고 변경된 일정을 공유했다. 소통이 한 곳에서 이뤄지다 보니 혼선 없이 안정적으로 모임을 이어갈 수 있었다.

참가비 안내도 마찬가지였다. 참가비는 한 달(4회) 단위로 납부하는 방식이었기 때문에, 납부 주가 되면 채팅방에 계좌번호와 함께 입금 안내를 공유했다. 별도로 모임 횟수를 일일이 체크하지 않아도 일정표와 함께 납부 시점을 정기적으로 안내받을 수 있어, 양육자들도 큰 부담 없이 제때 참가비를 낼 수 있었다. 소소하지만 꾸준한 안내와 정리는 북클럽을 안정적으로 운영하는 데 든든한 밑받침이 되었다.

3

아이들에게 책 선정을 맡겨도 될까요?
-책 고르기를 돕는 다섯 가지 방법

"저는 잘 모르겠어요. 그냥 아무거나요."

북클럽에서 함께 읽을 책을 직접 추천하게 하면, 어떤 책을 골라야 할지 몰라 막막해하는 아이들이 있다. '추천'이라는 말 자체에 부담을 느끼는 경우도 있지만, 대부분은 책 고르는 방법을 아직 배우지 못했기 때문이다. 추천에 어려움을 겪지 않는 아이들이라도 책을 고르는 기준이나 방향을 다양하게 익힌 경우는 드물다. 매번 비슷한 책만 추천하거나 익숙한 시리즈만 반복해서 고르는 경우가 많다.

책 고르는 법을 익히는 건 생각보다 쉽지 않다. 서점에 가면 수천 권의 책이 쏟아지고, 도서관에서는 어떤 책부터 꺼내야 할지 몰라 그냥 돌아서기 쉽다. 온라인에는 수많은 추천 리스트가 넘쳐나지만, 그중 어떤 책이 나에게 맞는지는 판단하기 어렵다. 특히 아직 자신의 취향이나 관심사를 명확히 알지 못하는 아이들에게는 선택 자체가 막막하게 느껴질 수 있다. 고른 책이 기대에 못 미치거나 너무 어려웠던 경험이 쌓이면, 실패에 대한 부담감 때문에 책 고르기 자체를 꺼리게 되기도 한다.

이런 어려움은 아이들만의 이야기가 아니다. 어른들 역시 책을 읽고 싶은 마음은 있지만, 막상 어떤 책을 골라야 할지 몰라 망설이다 독서 자체에서 멀어지기도 한다. 자신의 관심과 필요에 맞는 책을 찾지 못하면 독서를 꾸준히 이어가기 어렵다. 우리는 책 고르기를 당연한 능력처럼 생각하지만, 책을 고르는 감각은 경험을 통해 쌓이고 정제되는 능력이다. 다양한 시도를 통해 스스로 기준을 세우고, 그 기준을 조금씩 넓혀가는 과정이 필요하다.

특히 아이들에게 책을 고르는 일은 단순한 '선택'을 넘어서는 경험이 된다. 스스로 결정하고, 그 선택에 책임지는 경험은 자기 주도성과 독립성을 길러준다. 고른 책이 재미없었더라도 그 이유를 되짚어보는 과정 속에서 판단력이 자라난다. '나는 어떤 이야기를 좋아하지?', '어떤 주제에 끌리지?' 하고 스스로에게 질문을 던지는 순간, 아이들은 자신의 내면을 돌아보게 된다.

아직 자신의 독서 취향을 잘 모르는 아이들에게는 어떤 이야기에 마음이 끌리는지 탐색해 볼 수 있는 기회를 북클럽 안에서 만들어 줄 수 있다. 내 경우에는 아이들이 어떤 분야를 좋아하는지 스스로 탐색할 수 있는 활동지를 만들었다. '감정과 마음, 관계와 세상, 자연과 일상, 상상과 탐험, 생각과 가치' 등 다양한 주제어를 제시하고, 그중 마음이 가는 단어에 표시하게 했다. 또는 이야기의 배경, 장르별로 분류된 키워드 중에서 끌리는 항목을 선택하게 해도 좋다.

요즘 나는 어떤 이야기에 마음이 끌리나요? 아래의 단어를 살펴보고 체크해 봐요.

1. 이야기 주제 : 무엇에 대한 이야기일까?

감정과 마음	용기 / 두려움 / 외로움 / 우정 / 사랑 / 화해 / 자존감 / 슬픔 / 기쁨 / 질투 / 행복 / 용서
관계와 세상	가족 / 친구 / 학교 / 협동 / 다양성 / 차별 / 평등 / 환경 / 전쟁 / 평화 / 인권

자연과 일상	계절 / 동물 / 여행 / 바다 / 나무 / 집 / 음식 / 시간 / 꿈 / 휴식 / 직업
상상과 탐험	모험 / 비밀 / 마법 / 우주 / 미래 / 소원 / 상상 / 변신
생각과 가치	자유 / 선택 / 규칙 / 진실 / 변화 / 나다움 / 공감 / 희망 / 책임 / 정의
과학과 발명	발명·발견 / 과학자 / 인공지능(AI) / 우리 몸의 비밀 / 생물 도감 / 우주의 신비
문화와 역사	미술 / 음악 / 예술가 / k-pop / 역사 / 박물관 / 문화유산

2. 이야기 배경 : 어디에서 벌어지는 이야기일까?

미지의 세계/ 우주	외계행성 / 우주 탐험 / 시간 여행 / 미래 도시
자연/ 모험	깊은 숲속 / 신비로운 바닷속 / 사막 / 남극·북극 / 동물의 왕국
역사 속으로	먼 옛날 / 왕과 기사 / 공룡 시대 / 우리나라의 옛이야기(전래동화)
일상/ 학교	평범한 우리 동네 / 우리 학교 / 친구의 집 / 비밀 아지트

3. 이야기 장르 : 어떤 느낌의 이야기일까?

가슴 뛰는 모험	용감한 주인공의 여정 / 숨겨진 보물 찾기 / 긴박한 탈출
흥미진진한 추리	범인을 찾는 미스터리 / 비밀을 파헤치는 탐정 이야기
따뜻한 감동	마음이 포근해지는 이야기 / 우정·가족애 / 슬픔과 기쁨
상상력 가득한 판타지	마법 / 요정 / 신화 속 괴물 / 특별한 능력
유머/ 재미	엉뚱하고 웃긴 이야기 / 재치 있는 상상
공포/ 스릴	조금 무섭지만 흥미진진한 이야기 / 섬뜩한 반전이 있는 이야기

이런 활동은 자신도 몰랐던 취향이나 관심사를 발견하고, ‘나는 어떤 이야기를 좋아하는 사람일까?’를 스스로 알아가는 과정이 된다. 아이들은 선택한 단어를 중심으로 자신이 어떤 이야기에 끌리는지 구체적으로 자각하고, 친구들과 서로의 선택을 비교하며 취향을 나누는 즐거움을 경험하게 된다.

더 나아가, 책을 고르기 위해 뒤표지나 목차를 살펴보고, 책 소개문을 비교해 보는 과정은 정보를 탐색하고 평가하는 능력을 길러준다. 이는 독서를 넘어 아이들의 학습 능력과 미디어 리터러시, 소비자로서의 판단력까지 확장되는 중요한 역량이 된다. 무엇보다 스스로 고른 책에는 더 큰 애정과 책임감을 갖고 읽게 되고, 친구가 추천한 책은 더 높은 흥미와 기대를 안고 읽게 된다는 점도 자주 확인할 수 있는 장점이다.

그래서 나는 북클럽 활동 속에 아이들이 자연스럽게 책 고르는 법을 익힐 수 있는 시간을 의도적으로 마련했다. 실패해도 괜찮고, 선택이 바뀌어도 된다는 것을 알려주며, 다양한 방식으로 책을 고르는 경험을 함께 나눠보았다. 다음으로 소개할 활동들은 아이들이 부담 없이 책을 추천하고, 스스로 책을 선택하는 힘을 길러갈 수 있도록 실천해 본 방법들이다.

1. 읽었던 책 중에서 추천하기

북클럽에서 처음 책을 추천하는 활동을 할 때는, 최근에 읽은 책 중 다른 친구에게 소개하고 싶은 책을 골라오는 방식을 제안했다. 처음부터 새로운 책을 고르라고 하면 부담을 느끼는 아이들이 많기 때문에, 이미 읽어본 책 중 특히 재밌었던 책을 추천하도록 한 것이다.

친구들에게 책을 소개할 때는 "왜 이 책을 골랐는지", "어떤 점이 재미있었는지"를 말해보게 하고, 함께 읽고 나누고 싶은 이야기나 활동 아이디어도 적어보게 했다. 이렇게 자신의 감상과 취향을 언어로 표현해 보는 경험을 통해 아이들은 책을 고를 때 무엇을 기준으로 삼았는지 스스로 정리하게 되었고, 그 감정을 다시 떠올리며 책 고르기의 기준을 자연스럽게 세워나가기 시작했다. 물론 아이들의 학년이나 북클럽이 처음인지 혹은 성숙기인지에 따라서 질문을 줄이거나 늘리며 책을 고를 때 고려할 사항을 익히도록 이끌어야 한다.

1) 모임 초기 한 권의 책을 추천할 때

　제목, 저자, 출판사 이름을 적게 하고 아이들에게 아래의 6가지 질문을 던졌다.

① 나는 이 책을 어떻게 알게 되었나요?

② 이 책은 어떤 내용인가요? 책의 내용을 간단히 소개해 주세요.

③ 이 책을 고른 이유는 무엇인가요? 이 책을 추천하고 싶은 이유는?

④ 이 책은 어떤 친구가 읽으면 좋을까요?

⑤ 이 책을 특히 더 재미있게 읽을 것 같은 사람은 누구인가요?

⑥ 이 책을 친구들과 함께 읽는다면, 같이 해보고 싶은 활동이나 나눠보고 싶은 이야기가 있나요?

　책을 고를 때 생각해 볼 것이 무엇인지를 익힐 수 있도록 했다. 이렇게 작성한 내용은 함께 발표했다.

2) 적응 기간 후 두 권의 책을 추천할 때

　자신이 추천하고 싶은 두 권의 책을 소개하고, 함께 읽을 책을 선정하도록 이끌었다. 아이들이 발표한 두 권의 책 중 더 읽고 싶은 책의 제목을 쪽지에 적는 비밀 투표를 진행하거나, 친구의 활동지 위에 스티커를 붙이는 공개 투표 방식으로 읽을 책을 선택할 수 있다.

제목과 저자, 출판사		
책을 알게 된 계기		
책의 내용		
추천하고 싶은 이유		
나누고 싶은 이야기 또는 활동 아이디어		

이 활동을 꾸준히 이어가자 좋았던 책을 연결해서 읽으려는 흐름도 자연스럽게 생겨났다. "이 작가 책 또 읽어 보고 싶어요.", "이 시리즈 다른 편도 재밌을 것 같아요." 하며 자신만의 선호와 호기심을 따라가는 독서로 확장된 것이다.

2. 책날개와 부록 페이지 함께 살펴보기

책을 다 읽은 뒤에는 책날개나 책 뒤쪽의 부록 페이지를 함께 살펴보는 시간을 자주 가졌다. 어린이책에는 같은 작가의 다른 작품이나 출판사의 시리즈 도서를 짧은 소개와 함께 실어두는 경우가 많다.

특히 재미있게 읽은 책일수록 아이들은 이곳에 소개되어 있는 다른 작품들에도 자연스럽게 관심을 보였다. 꼭 그중 하나를 골라 읽진 않았지만, 함께 이 페이지를 읽어 보는 습관만으로도 책 정보를 얻고, 출판사 이름이나 시리즈의 흐름을 익히는 데 도움이 됐다.

이런 활동을 통해 아이들은 자신이 좋아하는 책과 연결된 다른 책을 찾아보는 법을 익혔고, 책 속에서 다음 책의 실마리를 발견하는 감각도 키워갔다.

3. 특별한 날, 관심 있는 주제로 책 찾아보기

어린이날, 크리스마스, 여름 방학, 겨울 방학처럼 특별한 날이나 계절이 바뀌는 시기에 맞춰 그와 관련된 주제의 그림책을 찾아오는 활동을 했다. "여름이 배경인 이야기", "추석을 소재로 한 그림책", "어버이날과 어울리는 책"처럼 키워드를 중심으로 책을 함께 모아 읽다 보면, 비슷한 주제를 다룬 다양한 책을 비교해 보는 경험을 쌓을 수 있다.

가끔은 요즘 자신의 관심사를 적어보게 한 뒤, 그 주제와 관련된 그림책을 검색해 2~3권의 정보를 살펴보고, 그 중 가장 읽고 싶은 책을 골라 읽는 시간도 가졌다. 그럴 때 이런 활동지를 활용했다.

• 요즘 관심사를 적어봐요.

여기서 책으로 읽고 싶은 주제를 하나만 정해요.

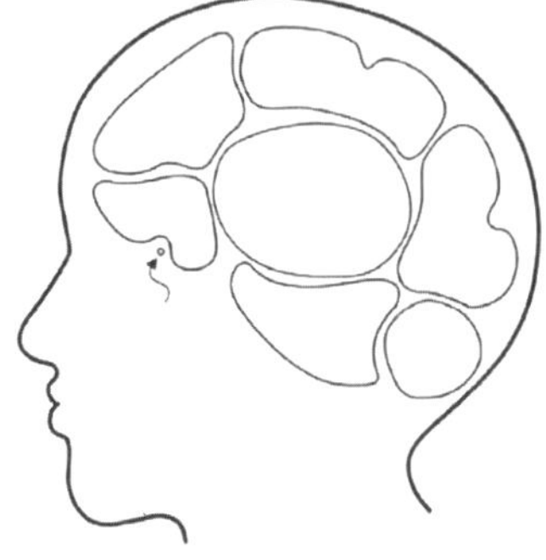

• 내가 찾은 책을 소개해요.

-제목/저자

-표지 느낌

-책 내용

-흥미 요소

아이들은 머릿속을 상징하는 그림 안에 요즘 자신의 관심사를 자유롭게 적어 넣었다.

"저도 드디어 고양이를 키우게 됐어요!"

"어제 동생이랑 또 대판 싸워서 정말 짜증났어요."

"대체 첫눈이 언제 올까, 그게 요즘 저의 관심사예요."

아이들이 머릿속에 적어 넣은 내용이 곧 읽고 싶은 책의 주제로 연결될 수 있었다. 이때 리더인 내가 맞춤한 책을 제시해 줄 수도 있지만 이왕이면 조금 더 나아가 책을 찾는 법을 일러주는 계기로 삼았다. 이어서 "그럼 자신의 관심사 뒤에 '그림책'을 붙여서 검색해 보세요. 예를 들어

'고양이 그림책', '동생이랑 싸웠을 때 읽기 좋은 그림책', '눈 오는 날 그림책'처럼요. 검색하면 그림책을 추천해 주는 글들이 나올 거예요. 다양한 정보 글을 읽고 마음에 드는 그림책 두 권을 골라 적어보세요."라고 일러주었다.

아이들은 포털 사이트 검색을 통해 후보 책 두 권을 선정했다. 이 과정에서 아이들은 책을 어떻게 골라야 하는지에 대해 많은 걸 배울 수 있었다. 예를 들어 한 아이는 표지 그림이 귀엽고 제목이 마음에 들어 골랐지만, 책의 상세 정보를 보니 이 책은 영유아 대상의 그림책이었다. 당황한 아이는 후보에서 책을 제외했다. 이처럼 정보를 직접 찾아보고 비교하는 과정에서 아이들은 책을 어떻게 찾을 수 있는지, 어떤 기준으로 선택할지를 스스로 경험하며 책을 고르는 눈을 길러 갔다.

이 과정에서 흥미로운 발견도 있었다. 한 친구가 블로그에서 추천받은 그림책 제목을 온라인 서점에서 검색했지만, 책 정보가 뜨지 않아 당황했다. 알고 보니 단행본 그림책이 아니라 전집 속에 포함된 한 권이었기 때문이었다. 아이들은 이 경험을 통해 전집과 단행본의 차이를 자연스럽게 배우며, 책이 어떻게 구성되어 판매되는지도 이해하게 되었다.

도서관이 가까웠다면 책을 직접 살펴보고 고르는 활동으로 확장해 볼 수 있었겠지만, 모임 공간과 도서관 사이의 거리가 멀어 온라인 서점 검색 중심으로 진행했다. 대신 이렇게 고른 책을 실제로 빌려와 함께 읽는 시간을 가졌는데, 읽기 전에는 무척 흥미로워 보였던 책이 막상 읽어보니 기대에 못 미친다며 아쉬움을 표현한 친구도 있었고, 반대로 큰 기대 없이 골랐던 책이 생각보다 훨씬 재미있었다며 이야기꽃을 피운 경우도 있었다.

이런 과정을 통해 아이들은 읽어보지 않은 책을 고르는 감각을 익혀갔다. 책을 고르는 일에는 언제나 시행착오가 따르지만, 다양한 시도와 경험이 쌓이면서 점점 스스로 책을 고르는 자신감도 키워갔다.

4. 세계 지도 그림책으로 문화 따라 책 찾아보기

지도 그림책을 함께 읽고, 가장 인상 깊었던 대륙이나 가보고 싶은 나라를 고른 뒤, 그 지역과 관련된 그림책이나 작가의 작품을 찾아보는 활동으로 세계를 여행하는 경험도 할 수 있다.

아이들과 함께 본 지도책은 『구석구석 들춰 봐, 세계 지도』였다. 플랩을 들춰보는 재미까지 더해주는 이 책에는 7대륙과 북극에 사는 사람들의 생활과 각 나라의 문화, 역사, 자연환경 이야기가 풍성하게 담겨 있어 아이들이 매우 흥미롭게 집중해서 봤다.

책을 다 읽은 후에는 활동지에 각 대륙에서 인상 깊었던 점을 정리하고, 가장 관심이 생긴 대륙을 골라 그 지역의 그림책을 검색해 읽고 싶은 책을 찾아보는 활동을 진행했다. 아이들은 '그림책으로 읽어보고 싶은 대륙'을 선택하고, 인터넷에서 관련 그림책 목록을 찾아 적었다. 그리고 온라인 서점에서 제목, 저자, 출판사, 그림 스타일, 간단한 내용 소개, 특징 등을 정리하며 두 권의 책을 비교한 뒤 더 읽고 싶은 책을 선택했다.

『구석구석 들춰 봐, 세계 지도』 활동지

1. 7개의 대륙과 북극의 지도를 보면서 새롭게 알게 된 사실이나 궁금했던 점, 인상 깊었던 동물이나 자연환경 등을 적어봐요.

북아메리카	
남아메리카	
유럽	
오스트랄라시아/ 오세아니아	

아시아	
아프리카	
남극	
북극	

2. 7개의 대륙 중 나는 어떤 대륙의 그림책을 읽어보고 싶은지 정하고, 인터넷으로 찾아봐요.

1) 내가 고른 대륙은,

2) 이곳에서 나온 또는 이곳을 배경으로 한 그림책은,

3. 앞에서 찾은 그림책 목록 중 2권의 후보책을 골라 책에 대한 내용을 정리해 봐요.

제목		
대륙(나라)		
저자, 출판사		
그림 스타일		
간단한 내용 소개		
재미 포인트 흥미 요소		
더 읽고 싶은 책과 이유		

이 활동을 통해 아이들은 자연스럽게 평소 자주 접하던 문화권을 넘어 다양한 지역의 책을 탐색하고 읽는 경험을 했다. 아이들 덕분에 북극을 배경으로 한 그림책을 읽기도 했고, 칠레나 아르헨티나처럼 평소 접하기 힘든 나라의 작품들도 만나볼 수 있었다. 그림책 하나로 세계를 여행하며 새로운 문화를 만나고, 그 속에서 마음을 움직이는 책을 발견하는 경험은 책 고르기의 폭을 넓히는 데 큰 도움이 되었다.

5. 추천도서 목록에서 책 고르기

마지막으로 자주 활용한 방법은 추천도서 목록을 인쇄해 아이들이 직접 보고 책을 고르는 활동이었다. 여러 시도교육청이나 어린이도서연구회 등 공신력 있는 기관에서 발표한 추천도서 리스트를 활용해, 두세 가지 목록을 여러 장 출력해 아이들이 자유롭게 돌려보며 읽을 수 있도록 했다.

리스트에는 제목, 저자, 출판사, 분야 정보가 표기되어 있는데, 아이들은 목록을 넘겨보며 먼저 자신이 읽어본 책을 체크하곤 했다. 읽은 책이 많이 포함된 리스트는 그만큼 자신의 독서 취향과 잘 맞을 수 있다는 걸 자연스럽게 알게 되었고, 그 안에서 관심이 가는 제목을 발견해 읽어보는 경험은 새로운 책에 도전할 수 있는 기회를 주었다.

물론 추천도서 목록이라는 제한된 틀이 있었지만, 그 제한이 오히려 아이들에게 안정감을 주며 새로운 책에 대한 진입 장벽을 낮춰주기도 했다. 이런 활동을 통해 아이들은 처음 보는 책도 적극적으로 탐색하고 선택하는 경험을 쌓을 수 있었다.

4

활동지는 어떻게 만드나요?
-7가지 질문 유형과 실전 팁

"질문 만들기가 제일 어려워요."

북클럽을 운영하다 보면 질문 만들기의 어려움을 토로
하는 말을 자주 듣는다. 어린이 북클럽을 운영하는 양육
자는 물론, 책을 오래 읽어온 성인 독서 모임에서도 마찬
가지다. 나는 어린이 북클럽에서는 질문이 담긴 활동지
를 미리 준비해 가지만, 성인 모임에서는 각자 던지고 싶
은 질문을 단체 채팅방에 올려 함께 모임지를 만든다. 그
런데 의외로 책을 많이 읽는 성인 독자들조차 책을 읽고
질문을 만드는 일을 어렵게 느낀다.

질문을 만든다는 건 단순히 책 내용을 확인하는 차원이 아니다. 그 책을 어떻게 읽었는지, 어떤 부분에 마음이 머물렀는지를 되짚어보는 일이다. 질문 하나만 달라져도 모임의 분위기는 물론, 생각의 방향과 이야기의 깊이까지 달라진다. 좋은 질문은 책을 더 깊이 읽게 하고, 생각을 끌어내며 대화를 풍성하게 만든다. 특히 질문이 담긴 활동지를 활용하면 모임을 더욱 집중도 있게 이끌 수 있고, 아이들이 자신의 생각을 깊이 있게 언어로 표현하며 논리적으로 말하는 힘도 기를 수 있다.

활동지에 어떤 질문을 담아야 할까요?

질문을 만들 때 가장 유의할 점은 정답이 정해진 질문은 피하자는 것이다. 예를 들어 "주인공이 이사 간 곳은 어디인가요?", "엄마가 선물로 준 것은 무엇인가요?" 같은 질문은 책을 읽었는지는 확인할 수 있지만, 생각을 확장하거나 대화를 이끄는 데는 한계가 있다. 이런 질문이 가득한 활동지는 아이들에게 책의 내용을 얼마나 정확하게 기억하고 있는지를 평가하는 시험지처럼 느껴지기 쉽다.

반면 좋은 질문은 정답이 하나로 정해져 있지 않다. 질문을 받은 사람이 자신의 경험, 감정, 생각을 바탕으로 답할 수 있게 한다. 예를 들어 "이 장면에서 주인공은 왜 그런 행동을 했을까요?", "나라면 어떻게 했을까요?" 같은 질문은 다양한 답이 나올 수 있고, 서로의 생각을 듣고 비교하거나 다시 생각해 보는 계기를 만든다. 이런 질문은 아이들 사이의 대화를 자연스럽게 이끌고, 모임의 집중도를 높이는 데에도 큰 역할을 한다.

좋은 질문을 만들기 위해 먼저 할 일은 책을 읽으며 마음이 멈춘 장면이나 인상 깊었던 문장, 생각할 거리를 던진 글귀에 인덱스를 붙여두는 것이다. 이 작업만 잘해도 발문 만들기의 절반은 끝난 셈이다. 어떤 책이든, 그 책을 읽은 나만의 흔적이 질문의 출발점이 되기 때문이다. 질문은 멀리서 찾을 필요가 없다. '내가 왜 이 페이지에 멈춰 섰을까?'를 되짚어보면, 자연스럽게 질문이 떠오른다. 좋은 질문은 결국 책에 푹 빠져 즐긴 읽기의 시간에서 나온다.

물론, 처음부터 쉽게 할 수는 없다. 질문 만들기도 경험이 쌓일수록 수월해지는 일이다. 처음엔 질문을 만드는 게 막막하게 느껴지고, 어떤 질문이 좋은 질문인지 판단하기 어려울 수도 있다. 그럴 땐 다양한 질문 사례를 먼저 접해

보는 것이 도움이 된다. 나 역시 성인 독서 모임을 운영할 때, 참가자 모두에게 질문을 꼭 올려야 한다고 부담 주지 않는다. 질문 만들기가 낯선 분들에겐 다른 분들이 올린 질문을 참고하다가 나만의 질문이 떠오를 때 천천히 올리면 된다고 안내한다. 질문을 잘 만든다고 해서 더 좋은 독자이고, 그렇지 않다고 해서 책을 덜 이해한 것도 아니다. 처음에는 그저 따라 해보는 것만으로도 충분하다.

질문 만들기가 어렵게 느껴질 땐, 어떤 책이든 두루 활용할 수 있는 질문 유형과 틀을 참고해보는 것도 좋은 방법이 된다. 다음으로는 내가 실제 활동지에 자주 담은 질문들을 유형별로 정리해 보았다. 몇 가지 질문의 틀을 익혀두면 활동지 만들기가 훨씬 수월해질 것이다. 아래에 질문의 유형에 따른 예시 질문을 담았다.

활동지에 담기 좋은 7가지 질문 유형

1. 이해를 확인하는 질문

- 책 속 등장인물을 가장 잘 표현할 수 있는 단어를 골라 적고, 기억에 남는 특징을 설명해 봐요.
- 이 책에 등장하는 4인방의 특징을 정리하고, 서로의 관계를 표

현해 봐요.

- 주인공의 성격과 특징, 장점과 단점을 정리해 봐요.

- 사건이 진행됨에 따라 주인공이 느꼈던 감정들을 떠올려 보고, 감정의 변화를 화살표로 정리해 봐요.

2. 기억에 남는 장면을 나누는 질문

- 책의 내용 중 가장 기억에 남는 장면은 무엇인가요? 그 이유도 함께 이야기해 봐요.

- 이 책에 등장하는 인물 중 가장 인상 깊었던 인물은 누구인가요? 왜 그렇게 느꼈나요?

- 마음에 남은 장면 BEST 3를 꼽고, 그 장면을 고른 이유도 함께 나눠봐요.

- 흥미로웠거나 충격적이었거나 황당했거나 재미있었던 장면을 세 가지 골라봐요. 그때 느낀 감정을 표정 이모티콘으로 함께 표현해 봐요.

- 가장 기억에 남는 문장은 무엇이었나요? 그 문장을 고른 이유는?

3. 인물의 마음을 짐작하고, 나의 생각과 연결하는 질문

- 각 장면에서 ○○○이 느꼈을 감정을 적어보고, 나라면 어떻게 행동했을 것 같은지 함께 나눠봐요.

- ○○의 행동 중 이해되지 않았던 장면이 있었나요? 왜 그렇게 느꼈는지 이야기해 봐요.

- ○○의 행동 중 최고와 최악의 순간을 꼽고, 그렇게 생각한 이유를 함께 나눠봐요.

- 만약 내가 ○○이었다면 어떤 선택을 했을까요? 그 이유는?

- 내가 ○○이라면 어떤 말을 하고 싶나요? 포스트잇에 짧은 편지를 써봐요.

4. 나의 삶과 연결해 보는 질문

- 나도 ○○와 비슷한 상황을 겪은 적이 있나요? 그때 어떤 기분이 들었나요?

- 나도 ○○처럼 누군가를 도와준 적이 있나요? 내가 도왔던 경험을 이야기해 봐요. 없다면, 누군가에게 도움을 받았던 경험도 좋아요.

- ○○처럼 소중한 물건에 이름을 붙여 친구를 만든다면, 어떤 물건에 어떤 이름을 붙여주고 싶나요?

- ○○처럼 최근 나도 어떤 깨달음을 얻은 적이 있나요? 어떤 경험을 통해 무엇을 느꼈는지 이야기해 봐요.

- ○○처럼 부모님이나 주변 어른들의 기대에 부담을 느낀 적이 있나요? 꼭 내가 아니더라도, 친구들이나 또래 아이들이 겪는

비슷한 상황이 있다면 함께 나눠봐요.

5. 상상하고 창작하는 질문

· 이 책의 결말이 마음에 드나요? 내가 원하는 대로 결말을 바꿀

수 있다면, 어떤 결말로 바꾸고 싶나요?

· ○○이는 어떻게 됐을까요? 책의 마지막 페이지 다음 이야기를

상상해 봐요.

· 책 속에 등장하는 선생님이 우리 반 선생님이었다면, 어떤 일이

생길 것 같나요?

· ○○의 선택에 공감하나요? ○○이 다른 선택을 했다면 이야기

는 어떻게 바뀌었을까요?

6. 선택하고 판단하는 질문

· ○○가 한 행동은 잘한 일일까요, 잘못한 일일까요? 그렇게 생

각한 이유는 무엇인가요?

· 나는 ○○의 행동을 이해해 줄 수 있나요? ○○은 어떻게 했어

야 한다고 생각하나요?

· 등장인물 중 최고의 인물과 최악의 인물을 꼽고 그 이유를 나눠

봐요.

· 나는 ○○이 생각에 동의하나요? 내가 생각하는 친구란 무엇인

가요?

· 등장인물 중 가장 큰 잘못을 한 친구는 누구라고 생각하나요?
그렇게 생각한 이유는?

7. 비평하고 해석하는 질문

· 이 책에 별점을 준다면 몇 점을 주고 싶나요? 별점을 준 이유와
특히 좋았던 점이나 아쉬웠던 점을 함께 이야기해 봐요.

· 이 책을 다른 친구들에게도 추천해 주고 싶나요? 이 책의 매력
포인트를 꼽는다면?

· 작가님은 왜 '○○'을 제목으로 정했을까요? 내가 생각한 제목의
의미를 이야기해 보고, 나라면 어떤 제목을 붙였을 것 같은지 생
각해 나만의 제목을 지어봐요.

· 작가가 이 책을 통해 독자에게 전하고 싶었던 메시지는 무엇이
라고 생각하나요? 책을 읽고 떠오른 한 마디를 적어봐요.

· 이 책은 문학상을 받았어요. 심사위원들은 어떤 점을 높이 평가
했을까요? 내가 생각한 이 책의 강점을 나눠 봐요.

· 만약 내가 이 책의 편집자라면, 어떤 부분을 고치거나 덧붙이고
싶나요? 그 이유는?

활동지 나누고 활용하는 방법

활동지는 A4 용지에 인쇄해 매 모임 시작 전에 그날 사용할 내용을 나눠주었다. 아이들이 작성한 활동지는 모임이 끝난 뒤 다시 걷어 내가 보관해 뒀다가, 2~3달에 한 번씩 파일에 담아 각 가정에 전달했다. 양육자들은 이렇게 모은 활동지를 보며 아이가 어떤 책을 읽고 어떤 생각을 나눴는지 흐름을 살펴볼 수 있었고, 아이들은 함께 읽고 나눈 책과 이야기를 다시 보며 소중한 독서 기록으로 활용했다.

초보도 손쉽게 활동지 만드는 방법

북클럽을 운영하며 내가 제일, 그리고 유일하게 힘들었던 일은 매주 새로운 활동지를 만드는 일이었다. 책을 읽는 것도, 아이들과 이야기 나누는 것도, 모임을 진행하는 것도 모두 즐거웠지만, 매주 책에 맞는 질문을 고민하고 활동지를 구성하는 일은 상당한 시간과 에너지를 필요로 했다. 나 역시 활동지 제작 과정이 부담스러웠던 만큼, 다른 양육자들도 이 부분 때문에 북클럽 운영을 망설이는 경우가 있을 것이다. 이럴 때 활동지 제작 부담을 덜고 더욱 쉽게 북클럽을 지속할 수 있는 두 가지 방법을 소개한다.

1. 생성형 AI를 활용해 초안 만들기

챗GPT나 제미나이 같은 생성형 AI를 활용하면 활동지 초안을 훨씬 빠르게 만들 수 있다. 예를 들어, "나는 초등학교 ○학년 아이들과 함께 북클럽을 운영하고 있어. 『홍길동전』을 읽고 아이들과 나눌 질문과 활동을 제안해 줘."라고 요청하면 금세 기본 뼈대를 제공한다.

다만 주의해야 할 점이 있다. AI는 책 내용을 정확히 알지 못한 채 내용을 추측해 엉뚱한 질문을 만들어 주는 경우가 종종 있다. 특히 철학적 제목·은유적 제목이거나 정보가 적은 국내 그림책일수록 제목만 보고 있을 법한 이야기를 지어내는 일이 자주 생긴다.

이럴 땐 온라인 서점에 있는 책 소개 글을 그대로 복사해 붙여넣어 함께 입력하면 정확도가 크게 올라간다. AI가 제공된 정보를 바탕으로 활동 질문을 만들어 주기 때문에 책 내용에 맞는 질문을 얻을 수 있다. 이렇게 생성형 AI를 '질문 초안 생성기'처럼 활용한 뒤, 아이들에게 맞게 다듬어 사용하면 활동지 제작 부담이 크게 줄어든다.

2. 블로그에 올려둔 활동지 자료 활용하기

또 하나의 방법은 내가 그동안 아이들과 함께하며 직접 만들어 사용했던 활동지 자료를 참고하는 것이다. 다음 장에 저학년과 고학년 때 함께 한 활동지 사례를 담기도 했지만, 이 책을 쓰면서 아이들과 함께 읽고 활동하며 만들었던 활동지들을 블로그(참배움을 그리며 성장하는 나무와열매 김슬기 https://blog.naver.com/seulki66)에 하나씩 정리해 두었다.

각 자료에는 간단한 책 소개와 활동지에 들어간 질문 및 활동 사례, 그리고 바로 인쇄해 쓸 수 있는 PDF 활동지 파일을 함께 올려두었다. 시간이 없을 때는 그대로 출력해 활용해도 좋고, 필요에 따라 일부 문장을 바꾸거나 아이들 수준에 맞게 조정해도 된다. 이 자료들을 활용하면, 매주 새로운 활동지를 만드는 부담 없이 더욱 편하게 북클럽을 시작하고 꾸준히 이어갈 수 있다.

5

나이에 맞는 활동이 따로 있나요?
-학년별 운영 방법

　“저희 아이는 ○학년인데요, 어떤 책을 읽으면 좋을까요?”

　독서 교육 강의에서 자주 듣는 질문 중 하나다. 북클럽을 처음 시작하려는 양육자들도 같은 고민을 하곤 한다. 시중에는 학년별 추천도서 목록이나 교과 연계 도서처럼, 아이의 나이에 맞춰 책을 골라주는 자료들이 많다. 그러다 보니 자연스레 ‘학년에 맞는 책’을 찾아야 할 것 같고, 혹시 수준에 맞지 않는 책을 읽혀 뒤처지는 건 아닐까 걱정되기도 한다.

하지만 북클럽에서 꼭 학년에 맞는 책과 활동만 고집할 필요는 없다. 나는 1학년부터 6학년까지 같은 구성으로 북클럽을 운영했다. 아이들이 졸업하는 날까지 격주에 한 권씩 그림책을 함께 읽었고, 아이들이 직접 추천한 책이라면 두께나 장르에 특별한 제한을 두지도 않았다. 어떤 책이든 스스로 고른 책이라는 점만으로 충분했다. 책을 매개로 이야기를 나누는 시간이 중요한 것이지, 나이에 딱 맞는 책을 찾는 게 핵심은 아니었기 때문이다.

모임을 이어가다 보니 굳이 내가 나이와 수준에 맞는 책을 골라주지 않아도, 아이들은 자연스럽게 자신들의 발달 단계에 맞는 책을 선택했다. 저학년일 땐 그림책을 추천하는 친구가 많았고, 동화책을 골라와도 대부분 그림이 많고 분량이 짧은 책이었다. 하지만 학년이 올라가면서 점점 달라졌다. 4학년쯤부터는 제법 두꺼운 동화책을 들고 오는 아이들이 생겼고, 6학년에는 청소년 문학까지 읽게 되었다.

물론 모든 아이가 같은 속도로 성장하는 건 아니다. 책을 추천할 때마다 짧은 동화책을 고르는 아이도 있고, 독서력이 탄탄한 아이는 평소보다 훨씬 긴 분량의 책을 가져오기도 한다. 이러한 다양함은 오히려 북클럽의 장점이 되었다. 어떤 아이는 책을 많이 읽는 친구 덕분에 처음엔 어렵게 느껴졌던 책에 도전하게 되었고, 그 과정에서 글 많은 책도 재미있다는 새로운 경험을 했다. 아이들은 서로의 독서 경험을 통해 시야를 넓히고, 조금씩 다음 단계로 성장했다.

저학년에 하기 좋은 활동

학년 차이를 고려해 활동을 완전히 분리할 필요도 없다. 다만 저학년 아이들의 발달 특성과 집중력, 표현 방식을 고려해 활동의 형식과 양을 조정해 주는 게 도움이 된다. 저학년 아이들은 아직 글로 자신의 생각을 길게 표현하는 데 익숙하지 않기 때문에, 만들기, 그림 그리기, 짧은 글쓰기 같은 활동이 잘 맞는다. 활동지를 구성할 때도 3~4개 이내의 질문과 간단한 활동을 함께 넣었다.

그림책 『용기를 내, 비닐장갑』 활동지

1. 비닐장갑은 벌집 캠프에 가는 게 무서웠어요. 걱정이 꼬리에 꼬리를 물고 이어졌기 때문이죠. 나도 비닐장갑처럼 무서워하는 게 있나요? 평소 내가 많이 하는 걱정은 무엇인가요?

2. 비닐장갑은 구덩이에 빠진 선생님과 친구들을 구하기 위해 용기를 내어 구조대를 불러왔어요. 나도 무섭지만 용기를 내어봤던 적이 있나요? 내가 용감했던 순간을 소개해 주세요.

3. 두려운 나에게 들려주고 싶은 말이나 전해주고 싶은 것을 적어 나만의 '용기 부적'을 만들어 보아요.

이렇게 활동지에는 두 개의 질문과 나만의 용기 부적 만들기 활동을 넣었다. 용기 부적은 짧은 글쓰기와 그림 그리기로 구성했다. 마지막으로 주방용 비닐장갑에 네임 펜과 스티커를 이용해 '나만의 비닐장갑' 꾸미기 활동으로 마무리했다. 그날 아이들은 각자 만든 비닐장갑을 손에 끼고 "힘을 내!", "한번 해보자!" 외치며 놀았다.

동화 『형광 고양이』 활동지

1. 왜 다른 고양이들은 색깔이 조금 다른 빨간 고양이를 그렇게 싫어했을까요?

2. 고양이들은 헛소문을 만들어 빨간 고양이의 마음을 아프게 했습니다. 만약에 내가 그 고양이들 중의 하나였다면 용감하게 나서서 빨간 고양이를 도와줄 수 있었을까요? 헛소문을 만든 고양이들에게 뭐라고 말할 수 있을까요?

3. 만약 내가 빨간 고양이라면 어떻게 했을 것 같나요? 마을의 고양이들과 친해질 수 있는 다른 방법이 있을까요?

4. 이제 마을 안의 고양이들은 겉모습으로 친구를 따돌리지 않게 되었어요. 우리 학교나 내 주변에서 빨간 고양이처럼 따돌림을 당하는 친구가 있지는 않나요? 그런 일이 생긴다면 무엇을 할 수 있을까요?

끝으로 책을 소개하는 포스터나 전단을 만들어보는 홍보물 만들기 활동으로 마무리했다. 하윤이는 이날 반려묘 크림이 이야기로 가득한 제멋대로 포스터를 만들었다. 맞춤법도 틀린 포스터였지만 완성도와 상관없이 자신의 언어로 책을 표현하고 정리해 보는 경험을 할 수 있었다.

▲ 하윤이가 만든 '용기를 주는 고양이 세 자매 비닐장갑'

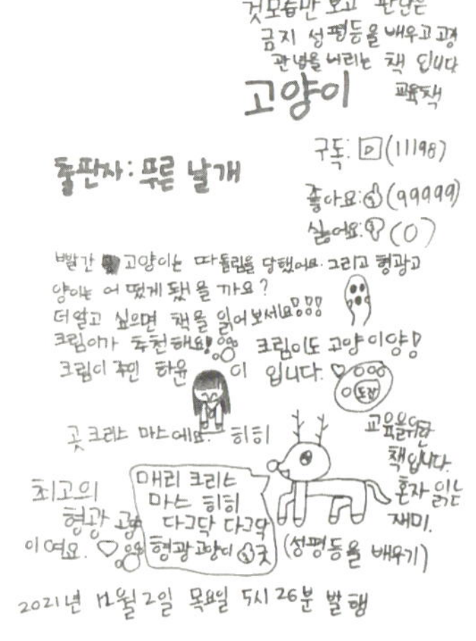

▶ 2021년 3학년이었던 하윤이가 만든 광고지

고학년 아이들은 자신의 생각을 조금 더 논리적으로 말하거나 글로 표현할 수 있는 시기다. 또 사회 문제나 등장인물의 감정, 서사의 구조 등 책의 깊은 부분에도 관심을 갖기 시작한다. 이 시기에는 간단한 만들기 활동보다는, 자신의 생각을 글로 정리하거나 친구들과 의견을 나누는 활동에 더 흥미를 느낀다. 따라서 활동지의 질문 수도 7~8개 정도로 늘리고, 사고의 층위를 다양하게 배치했다. '기억에 남는 장면' 같은 쉬운 질문으로 시작해, 작품에 담긴 메시지나 제목의 의미를 분석해 보는 질문으로 마무리하는 식이다.

글쓰기도 한두 줄의 짧은 문장이 아니라 자신의 의견이나 경험을 담은 문단 중심의 글쓰기를 시도해 볼 수 있다. 원고지에 생각을 정리해 쓰거나, 주인공에게 편지를 쓰고, 책 속 인물을 인터뷰하거나, 결말을 바꿔보는 활동 등 다양한 방식의 쓰기가 가능하다. 책의 주제와 관련된 어린이 신문 기사를 함께 읽고 논리적인 비평 글쓰기를 시도해 보는 것도 좋다. 인물의 행동을 평가하거나, 책 속 갈등 장면을 놓고 찬반 토론을 해보는 활동도 사고를 깊이 있게 자극할 수 있다.

고학년 활동지는 질문이 많아진다. 그림책『100만 번 산 고양이』의 활동지에는 여덟 개의 질문을 담았다. 질문지에 담긴 내용을 함께 이야기 나눈 뒤, 작가가 그림책에 담고 싶었던 메시지를 정리해 보는 활동으로 마무리했다. 하윤이는 이 그림책을 읽고 떠오르는 단어를 '죽음'이라 적었다. 작가가 그림책에 담고 싶었던 메시지는 솔직히 잘 모르겠다고 했지만, 이내 "지금 삶이 별로 마음에 안 들어도 지금을 즐기자요^^"라는 한마디를 남겼다.

『긴긴밤』을 읽고는 활동지에 아홉 개의 질문을 담아 함께 나누고, 마지막에는 아이들 각자가 만든 질문 한 가지씩을 공유하고 그 답을 함께 나눠보는 토의 활동으로 마무리했다. 아이들은 "책을 읽기 전, 제목과 표지를 보고 무슨 생각을 했나요?", "내가 노든이라면 인간들에게 복수했을까요?", "노든 같은 아빠가 있다면 어떨까요?"와 같은 질문을 직접 만들고 함께 이야기를 나누었다.

1. 이 책은 제21회 문학동네어린이문학상에서 '대상'을 수상했어요. 여러분은 이 책의 매력이 뭐라고 생각하나요? 내가 별점을 주고 평가해본다면?

· 나의 별점 : ☆☆☆☆☆

· 내가 생각한 이 책의 매력, 상을 받은 이유는

1.

2.

3.

2. 책의 내용 중 가장 기억에 남는 장면 세 가지를 고르고 그 장면에 대한 내 마음을 이모티콘으로 표현해 봐요.

3. 책에 등장한 많은 동물 중 제일 마음이 갔던, 내 마음을 흔들었
던 친구는 누구인가요? 그 이유는?

4. 코끼리 고아원에서 코끼리들과 함께 자란 노든은 고아원을 떠
나 세상 밖으로 나오게 되었어요. 내가 노든이었다면, 나는 고아원
에 남을까요?, 떠날까요?
-나의 선택은
-왜냐하면

5. 노든은 후회스러운 일들은 많지만 코끼리 고아원을 나와 바깥
세상으로 나온 것은 '몇 안 되는 후회하지 않는 일'이라고 했어요.
나의 예전 일들 중 후회하는 일과 후회하지 않는 일을 뽑아본다면?
-후회하는 일 :
-후회하지 않는 일 :

6. 책 속의 '나'였다면 노든의 곁을 떠나 바다를 향해 갔을까요? 절
벽을 올라 드넓게 펼쳐진 바다를 볼 수 있었을까요?
-내가 책 속의 펭귄이었다면,
-왜냐하면

7. 노든은 자신에게도 이름을 붙여달라고 말하는 펭귄에게 이름을 붙여주지 않아요. 왜 그랬을까요? 만약 나라면 나는 이름을 정해 줄 건가요?

-노든은

-나라면 이름을

8. 작가님은 왜 이 작품의 제목을 '긴긴밤'이라고 붙였을까요? 글 속에도 자주 등장하는 '긴긴밤'에 담긴 의미가 무엇일지 함께 생각 해 봐요.

-제목으로 선택한 이유는

-'긴긴밤'은

9. 친구들과 함께 나누고 싶은 질문을 만들어 그 질문의 답을 나눠 봐요.

Q.

A.

북클럽,
끝나지 않은 이야기

어린이 북클럽은 아이들이 초등학교를 졸업하는 순간까지 쉼 없이 이어졌다. 나는 아이들이 초등학교를 졸업하면 북클럽도 자연스레 끝날 거라 생각했다. 중학생이 되면 낯선 환경에 적응하느라 바빠 책을 읽고 나누는 데 시간을 쓸 마음과 여유가 없을 줄 알았다. 하지만 졸업을 앞둔 아이들의 반응은 달랐다.

"중학교에 가서도 우리 북클럽은 계속해요."

아이들이 이구동성으로 계속하겠다고 말해 깜짝 놀랐다. 책 모임을 향한 아이들의 애정은 그 어떤 스케줄보다

우선순위에 있다는 걸 다시 확인했다.

하지만 현실의 벽은 생각보다 높았다. 중학교 입학을 앞두고 학원 시간표가 크게 바뀌면서 모두가 함께할 수 있는 시간을 도저히 맞출 수가 없었다. 결국 두 친구와는 아쉬운 이별을 해야 했다. 모든 아이들이 서운해했지만, 특히 북클럽을 누구보다 사랑했던 하윤이는 "아직 학원을 다니지 않는 친구와 단둘이서라도 북클럽을 계속하고 싶어."라고 말했다. 어떻게든 북클럽의 불씨를 지키고 싶어하는 아이의 간절함에 나는 감동했고, 그렇게 우리는 아이 둘과 함께하는 작은 '청소년 북클럽'을 두어 달 이어갔다. 그러나 그 친구 역시 시간이 맞지 않아 결국 또래 친구 북클럽은 잠시 멈추게 되었다.

새 친구들을 모집해 북클럽을 이어갈 수도 있었지만, 중학생이 된 아이들의 하루는 초등 시절과 달랐다. 하교 시간은 늦어졌고, 학원 일정들이 복잡해져 모두가 편하게 모일 수 있는 시간을 맞추기가 쉽지 않았다. 나 또한 대학원에 진학해 학업을 시작하면서 새로운 모임을 꾸릴 여유와 에너지가 부족했다. 고민 끝에 나는 하윤이에게 엄마, 아빠와 함께하는 가족 북클럽을 제안했다. 가족 북클럽이라면 저녁 식사 후 식탁에서 바로 모임을 열 수 있어 따로 장소를 빌리거나 이동할 필요가 없었다. 무엇보다 가족끼리 하는 모임은 참가비를 받는 모임에서 오는 운영의 부담과 책임감도 덜해 훨씬 마음이 편할 것 같았다.

내 제안에 하윤이는 반색하며 바로 승낙했다. 심지어 책 읽는 것을 즐겨 하지 않아 북클럽을 한 번도 해본 적이 없던 남편 역시 "하윤이가 하고 싶다면 해야지! 한 번 해보자"라며 흔쾌히 동의했다. 가족 북클럽 역시 어린이 북클럽과 같은 방식으로 그림책과 책을 번갈아 읽는 '퐁당퐁당' 모임으로 진행하기로 했다. 첫 번째 모임은 마침 대통령 선거 기간이라 빌려 두었던 그림책『내가 만약 대통령이 된다면』을 함께 읽고 이야기 나눴다. 인생 첫 북클럽을 경험한 남편은 내가 읽어주는 그림책을 보는 것도, 함께 이야기 나누는 것도 너무 즐겁다며 감탄했다. 나와 하윤이의 어깨가 절로 으쓱 올라갔다.

"너희들은 지금까지 이렇게 재미있는 걸 해온 거구나? 북클럽 진짜 좋다! 나 완전 재밌었어!"

두 번째 모임에서 함께 나눈 책은 하윤이가 추천한 청소년 소설『초콜릿 레볼루션』이었다. 384쪽이라는 제법 두꺼운 분량이었지만, 남편도 아이도 이야기에 푹 빠져

밤마다 거실에 모여 함께 책을 읽었다. 우리는 책 속 인사 말을 따라 하며 웃음을 터뜨리고, 모임 전에도 수시로 책 이야기를 나누며 수많은 대화를 이어갔다. 중학교 1학년 여름에 시작한 가족 북클럽은 일주일에 한 번씩 우리 집 식탁에서 6개월 넘게 이어지고 있다. 매번 모임마다 식탁 한편에 앉아 함께 참여하는 반려묘 크림이 덕분에, 우리 의 모임은 '생크림 북클럽'이라는 이름까지 갖게 되었다. 아이의 성장에 따라 북클럽의 형태는 변했지만, 책을 통 해 사유하고 소통하는 우리의 이야기는 여전히 현재 진 행형이다.

이렇게 쌓인 시간은 아이에게도 놀라운 변화를 가져왔 다. 하윤이는 초등학교를 다니는 내내 학원과 선행 학습 없이 중학교에 입학했지만, 수시로 이어지는 수행평가에 서 늘 좋은 성적을 받으며 큰 어려움 없이 학교생활을 해 나가고 있다. 중학교에서는 '비유를 활용한 마음 사전 만 들기', '주장하는 글쓰기', '서평 쓰기', '주제 탐구 글쓰기' 와 같이 다양한 글쓰기 수행평가가 이어졌는데, 글쓰기 를 따로 배워본 적이 없음에도 자신 있게 참여하며 매번 선생님의 긍정적인 평가를 받아왔다.

특히 입학한 지 막 한 달이 된 4월, 사회과 수행평가로 '인도'에 대한 정보를 검색해 PPT를 만들고 발표하는 과제가 있었다. 하윤이는 친구들이 충분히 들을 수 있는 목소리로 발표를 잘 마친 것은 물론, 인도의 인구와 출생률을 다른 나라와 비교해서 보여주는 PPT를 만들어 선생님께 큰 칭찬을 받았다. "내가 만든 PPT가 잘 만든 사례로 뽑혀 다른 반에 소개도 됐다!"라며 아이는 자랑했다. 놀란 내가 "어떻게 그렇게 만들 생각을 했어?" 하고 묻자 아이는 "글쎄… 그냥? 그냥 생각이 났는데?"라고 답했다. 돌이켜보면 그 모든 변화의 바탕에는 북클럽이 있지 않았을까?

'포스터 만들기'나 '도덕적 질문 만들기' 수행평가에서 좋은 평가를 받은 것도, 낯가림이 많고 불안이 높은 하윤이가 친구들 앞에서 당차게 발표를 해낸 것도 모두 북클럽에서 생각하는 힘과 표현력을 길러온 덕분이라는 생각이 들었다. 매주 책을 읽고 생각을 나누며 자신의 언어로 표현한 시간들이 하윤이에게 말하기와 쓰기의 힘을 길러주었고, 무엇보다 자신의 생각을 믿고 말할 수 있는 용기를 선물해 주었다.

어린이 북클럽에서 청소년 북클럽을 거쳐 가족 북클

럼으로 이어진 이 시간이 앞으로 어떤 모습으로 펼쳐질지는 아직 알 수 없다. 하지만 함께 책을 읽고 이야기 나누는 기쁨이 우리 가족의 일상에 스며든 만큼, 우리의 '생크림 북클럽'은 언제 어디서든 계속될 것이다. 더없이 부드럽고 달콤한 이 시간이 더 많은 곳에서 피어나, 더 많은 아이들이 책 읽기의 즐거움과 책 모임의 행복을 맘껏 누릴 수 있기를 바란다. 책 한 권을 사이에 두고 나눈 대화가 마음과 마음을 잇는 다리가 될 때, 우리 아이들이 살아갈 세상이 더 따뜻해질 거라 믿는다.

끝으로 늘 밝은 얼굴로 빛나는 시간을 선물해 준 나의 책 친구들 – 린이, 라온이, 지우, 은서, 은유, 하윤이, 하율이에게 깊은 감사의 마음을 전한다. 우리가 책 속에서 만난 보석 같은 문장들이 앞으로 마주할 넓은 세상에서 너희를 지키는 든든한 등불이 되어주기를. 너희의 찬란한 앞날을 언제나 변함없이 응원할게!

저학년 그림책

『감귤 기차』 김지안 글·그림, JEI재능교육,
2016

『곰씨의 의자』 노인경 글·그림, 문학동네,
2016

『곰이 강을 따라갔을 때』 리처드 T. 모리스 글,
르웬 팜 그림, 이상희 옮김, 소원나무, 2020

『과학자 에이다의 대단한 말썽』 안드레아 비
티 글, 데이비드 로버츠 그림, 김혜진 옮김, 천개
의바람, 2017

『구름 주스』 문채빈 글·그림, 미래엔아이세움,
2020

『나는 [ ] 배웁니다』 가브리엘레 레바글리아
티 글, 와타나베 미치오 그림, 박나리 옮김, 책속
물고기, 2018

『내 꼬리 봤니?』 알베르토 로트 글·그림, 박서
경 옮김, 상수리, 2021

『내 멋대로 슈크림빵』 김지안 글·그림, 웅진주
니어, 2020

『다시 그곳에』 나탈리아 체르니셰바 그림, JEI
재능교육, 2015

『닥터 브라우니』 김지운 글·그림, 주니어김영
사, 2017

『달 샤베트』 백희나 글·그림, 스토리보울,
2024

『달밤 수영장』 간장 글·그림, 보랏빛소어린이,
2021

『달팽이 학교』 이정록 글, 주리 그림, 바우솔,
2023

『당근 쿠키』 나두나 글·그림, JEI재능교육,
2022

『만남』 백지원 글·그림, 봄봄, 2020

『무리』 히로타 아키라 글·그림, 허하나 옮김,
현암주니어, 2020

『문어 목욕탕』 최민지 글·그림, 노란상상,
2018

『바다야, 너도 내 거야』 올리버 제퍼스 글·그
림, 김선희 옮김, 주니어김영사, 2020

『밤의 교실』 김규아 글·그림, 샘터사, 2020

『베르메유의 숲』 까미유 주르디 글·그림, 윤민
정 옮김, 바둑이하우스, 2020

『빵 공장이 들썩들썩-우당탕탕 야옹이 시리
즈』 구도 노리코 글·그림, 윤수정 옮김, 책읽는
곰, 2015

『삶의 모든 색』 리사 아이사토 글·그림, 김지은
옮김, 길벗어린이, 2021

『세상에서 가장 용감한 소녀』 매튜 코델 글·
그림, 비룡소, 2018

『수박 수영장』 안녕달 글·그림, 창비, 2015

『슈퍼 거북』 유설화 글·그림, 책읽는곰, 2014

『슈퍼 토끼』 유설화 글·그림, 책읽는곰, 2020

『시루의 밤』 권서영 글·그림, 창비, 2019

『아름다운 실수』 코리나 루켄 글·그림, 김세실
옮김, 나는별, 2018

『아름다운 우리 섬에 놀러와』 허아성 글·그림,
국민서관, 2022

『안 내면 진다! 가위바위보』 오모리 히로코
글·그림, 김영주 옮김, 북스토리아이, 2019

『양들의 왕 루이 1세』 올리비에 탈레크, 이순
영 옮김, 북극곰, 2016

『오싹오싹 팬티!』 에런 레이놀즈 글, 피터 브라
운 그림, 홍연미 옮김, 토토북, 2018

『용기를 내, 비닐장갑!』 유설화 글·그림, 책읽
는곰, 2021

『이게 정말 천국일까?』 요시타케 신스케 글·
그림, 고향옥 옮김, 주니어김영사, 2016

『이쪽이야, 찰리』 캐론 레비스 글, 찰스 산토소

그림, 이정아 옮김, 우리동네책공장, 2021

『이파라파냐무냐무』 이지은 글·그림, 사계절, 2020

『진짜 내 소원』 이선미 글·그림, 글로연, 2020

『치마를 입어야지, 아멜리아 블루머!』 섀너 코리 글, 체슬리 맥라렌 그림, 김서정 옮김, 미래엔아이세움, 2003

『커다란 크리스마스트리가 있었는데』 로버트 배리 글·그림, 김영진 옮김, 길벗어린이, 2014

『쿠키 한 입의 인생 수업』 에이미 크루즈 로젠탈 글, 제인 다이어 그림, 김지선 옮김, 책읽는곰, 2008

『파닥파닥 해바라기』 보람 글·그림, 길벗어린이, 2020

『파랑이 싫어!』 채상우 글·그림, 길벗어린이, 2019

『팥빙수의 전설』 이지은 글·그림, 웅진주니어, 2019

『평범한 식빵』 종종 글·그림, 그린북, 2021

『햇볕 토스트』 이해진 글·그림, 사계절, 2021

『행운을 찾아서』 세르히오 라이를라 글, 아나 G. 라르티테기 그림, 남진희 옮김, 살림어린이, 2017

저학년 동화책

『고양이 섬』 이굴희 글, 박정은 그림, 해와나무, 2019

『고양이 해결사 깜냥』 홍민정 글, 김재희 그림, 창비, 2020

『고양이는 알고 있다!』 전성희 글, 손지희 그림, 사계절, 2015

『고양이와 왕』 닉 샤랫 글·그림, 심연희 옮김, 키다리, 2021

『깊은 밤 필통 안에서』 길상효 글, 심보영 그림, 비룡소, 2021

『나는 황태자, 놀부 마누라올시다!』 이송현 글, 이갑규 그림, 산하, 2020

『나는 3학년 2반 7번 애벌레』 김원아 글, 이주희 그림, 창비, 2016

『단톡방 가족』 제성은 글, 김민정 그림, 마주별, 2021

『뜨거운 지구를 구해 줘』 한나 스콧 글, 폴커 콘라드 그림, 전은경 옮김, 풀빛, 2020

『마르가리타의 모험1 : 수상한 해적선의 등장』 구도 노리코 글·그림, 김소연 옮김, 천개의바람, 2024

『베프콘을 위하여』 박규연 글, 김이조 그림, 밝은미래, 2022

『비밀의 화원』 프랜시스 호지슨 버넷 글, 타샤 튜더 그림, 공경희 옮김, 시공주니어, 2019

『빵집 새끼 고양이』 이상교 글, 지효진 그림, 산하, 2021

『새빨간 입술 젤리』 이나영 글, 김소희 그림, 뜨인돌어린이, 2021

『슈퍼 외뿔고래와 번개 해파리』 벤 클랜튼 글·그림, 윤여림 옮김, 위즈덤하우스, 2020

『시간 고양이』 박미연 글, 박냠 그림, 이지북, 2021

『아빠가 둘이야?』 임지형 글, 윤태규 그림, 키다리, 2019

『예의 없는 친구들을 대하는 슬기로운 말하기 사전』 김원아 글, 김소희 그림, 사계절, 2022

『외뿔고래! 바다의 유니콘』 벤 클랜튼 글·그림, 윤여림 옮김, 위즈덤하우스, 2020

『우당탕탕 야옹이와 바다 끝 괴물』 구도 노리코 글·그림, 윤수정 옮김, 책읽는곰, 2021

『있으려나 서점』 요시타케 신스케 글·그림, 고향옥 옮김, 김영사, 2018

『캡슐 마녀의 수리수리 약국』 김소민 글, 소윤경 그림, 비룡소, 2012

『형광 고양이』 아더우 글, 다무 그림, 하루 옮김, 푸른날개, 2009

『호찌냥찌 새로운 이야기』 그레이스 제이 글·그림, 오후의소묘, 2021

고학년 그림책

『100만 번 산 고양이』 사노 요코 글·그림, 김난주 옮김, 비룡소, 2002

『Wild :고양이와 함께한 날의 기적』 샘 어셔 글·그림, 이상희 옮김, 주니어RHK, 2021

『고릴라와 너구리』 이루리 글, 유자 그림, 북극곰, 2022

『구석구석 들춰 봐, 세계 지도』 제러미 하우드 글, 후이 스킵 그림, 우순교 옮김, 시공주니어, 2018

『꽁꽁꽁 아이스크림』 윤정주 글·그림, 책읽는곰, 2022

『나도 투표했어!』 마크 슐먼 글, 세르주 블로크 그림, 정희성 옮김, 토토북, 2020

『남극에 간 북극곰 북극에 간 펭귄 가족』 진 윌리스 글, 피터 자비스 그림, 엄혜숙 옮김, 사파리, 2021

『당근 유치원』 안녕달 글·그림, 창비, 2020

『두근두근』 이석구 글·그림, 고래이야기, 2022

『떠나봐요, 생명의 모험 ver1』 리바이포유 글, 고마운 그림, 리바이포유, 2023

『마음먹기』 자현 글, 차영경 그림, 달그림, 2020

『무엇이든 있어요 생쥐네 달콤과자』 이시이 미에 글·그림, 김보나 옮김, 미세기, 2024

『밀림에서 가장 아름다운 표범』 구도 나오코 글, 와다 마코토 그림, 김보나 옮김, 위즈덤하우스, 2022

『바닷가 아틀리에』 호리카와 리마코 글·그림, 김숙 옮김, 북뱅크, 2022

『밥.춤』 정인하 글·그림, 고래뱃속, 2017

『봄은 또 오고』 아드리앵 파를랑주 글·그림, 이경혜 옮김, 봄볕, 2024

『봄의 방정식』 로라 퍼디 살라스 글, 미카 아처 그림, 김난령 옮김, 청어람미디어, 2022

『부탁해요, 미스터 판다』 스티브 앤터니 글·그림, 김세실 옮김, 을파소, 2019

『빨간 늑대』 마가렛 섀넌 글·그림, 용희진 옮김, 키위북스, 2022

『빨강』 이순옥 글·그림, 반달, 2017

『사자가 작아졌어』 정성훈 글·그림, 비룡소, 2015

『산딸기 크림봉봉』 에밀리 젠킨스 글, 소피 블랙올 그림, 길상효 옮김, 씨드북, 2016

『색깔의 비밀』 차재혁 글, 최은영 그림, 논장, 2020

『샘과 데이브가 땅을 팠어요』 맥 바넷 글, 존 클라센 그림, 서남희 옮김, 시공주니어, 2014

『수호의 하얀 말』 오츠카 유우조 글, 아카바 수에키치 그림, 이영준 옮김, 한림출판사, 2001

『식빵 유령』 윤지 글·그림, 웅진주니어, 2020

『아나톨의 작은 냄비』 이자벨 카리에 글·그림, 권지현 옮김, 씨드북, 2014

『안녕, 내 마음속 유니콘』 브라이오니 메이 스미스 글·그림, 김동연 옮김, 상상의힘, 2021

『애너벨과 신기한 털실』 맥 바넷 글, 존 클라센 그림, 홍연미 옮김, 길벗어린이, 2013

『어디로 가게』 모예진 글·그림, 문학동네, 2018

『얼음펭귄』 윤나라 글·그림, 얼음빛, 2025

『여기는 비비타운』 에포닌 코티 글·그림, 황정하 옮김, 주니어RHK, 2022

『여름』 이소영 글·그림, 글로연, 2020

『여우 마리노의 성모님께 꽃을』 HYUN HO 글·그림, 성바오로출판사, 2023

『여우 마리노의 크리스마스』 HYUN HO 글·그림, 성바오로출판사, 2022

『우리는 언제나 너를 믿어』 베스 페리 글, 몰리 아이들 그림, 김세실 옮김, 나무말미, 2022

『우리 가족 인권 선언 시리즈』 엘리자베스 브라미 글, 에스텔 비용-스파뇰 그림, 박정연 옮김, 노란돼지, 2018

『작은 눈덩이의 꿈』 이재경 글·그림, 시공주니어, 2016

『장산범과 도토리』 최정은 글, 전민걸 그림, 다림, 2023

『쟤는 누구야?』 김연주 글·그림, 팜파스,

2022

『전나무가 되고 싶은 사과나무』 조아니 데가니에 글, 쥘리에트 바르바네그르 그림, 명혜권 옮김, 노란돼지, 2019

『츠츠츠츠』 이지은 글·그림, 사계절, 2024

『친구의 전설』 이지은 글·그림, 웅진주니어, 2023

『태양 왕 수바 : 수박의 전설』 이지은 글·그림, 웅진주니어, 2023

『특별 주문 케이크』 박지윤 글·그림, 보림, 2022

『펭귄 호텔』 우시쿠보 료타 글·그림, 고향옥 옮김, 주니어RHK, 2018

『행복을 부르는 고양이』 오카다 준 글·그림, 육아리 옮김, 나는별, 2020

고학년 동화책

『귀신 선생님과 진짜 아이들』 남동윤 글·그림, 사계절, 2014

『그림으로 보는 한국사1 : 선사 시대부터 백제까지』 최종순 글, 이경석 그림, 역사와 사회과를 연구하는 초등 교사 모임 감수, 계림북스, 2022

『긴긴밤』 루리 글·그림, 문학동네, 2021

『나의 첫 반려동물 비밀 물고기』 김성은 글, 조윤주 그림, 천개의바람, 2018

『날고 싶은 아기 펭귄 보보』 라이놀 글·그림, 문희정 옮김, 큐리어스, 2018

『내 멋대로 친구 뽑기』 최은옥 글, 김무연 그림, 주니어김영사, 2016

『다락방 명탐정』 성완 글, 소윤경 그림, 비룡소, 2013

『단톡방을 나갔습니다』 신은영 글, 히쩌미 그림, 소원나무, 2022

『돌고래 라라를 부탁해』 유지영 글, 한수언 그림, 내일을여는책, 2022

『떡볶이 먹방 소동』 염연화 글, 안병현 그림, 리틀씨앤톡, 2022

『생리는 처음이야』 하선영 글, 이윤희 그림,

임영림 감수, 작은코도마뱀, 2022

『세계를 건너 너에게 갈게』 이꽃님 글, 문학동네, 2018

『손도끼』 게리 폴슨 글, 김민석 옮김, 사계절, 2001

『손으로 보는 아이, 카밀』 토마시 마우코프스키 글, 요안나 루시넥 그림, 최성은 옮김, 소원나무, 2018

『시간 고양이』 박미연 글, 이소연 그림, 이지북, 2022

『신기한 맛 도깨비 식당』 김용세·김병석 글, 센개 그림, 꿈터, 2022

『아몬드』 손원평 글, 다즐링, 2023

『안네의 일기』 안네 프랑크 글, 홍경호 옮김, 문학사상, 2024

『어쩌다 중학생 같은 걸 하고 있을까』 구로노 신이치 글, 장은선 옮김, 뜨인돌, 2012

『왜왜왜 동아리』 진형민 글, 이윤희 그림, 창비, 2024

『외로움 반장』 백혜영 글, 남수 그림, 국민서관, 2022

『위풍당당 여우 꼬리』 손원평 글, 만물상 그림, 창비, 2021

『의사 어벤저스』 고희정 글, 조승연 그림, 류정민 감수, 가나출판사, 2021

『작별 인사』 구드룬 멥스 글, 욥 뮌스터 그림, 문성원 옮김, 시공주니어, 2019

『잘못 뽑은 반장』 이은재 글, 서영경 그림, 주니어김영사, 2009

『죽이고 싶은 아이』 이꽃님 글, 우리학교, 2021

『체리새우 : 비밀글입니다』 황영미 글, 문학동네, 2019

『푸른 사자 와니니』 이현 글, 오윤화 그림, 창비, 2015

『햇빛초 대나무 숲에 새 글이 올라왔습니다』 황지영 글, 백두리 그림, 우리학교, 2020

어린이 북클럽

김슬기 지음

처음 찍은 날 **2026년 3월 5일**   처음 펴낸 날 **2026년 3월 15일**

펴낸이 **김덕균**   펴낸 곳 **오픈키드(주)열린어린이**

만든이 **조수연**   디자인 **박재원**   관리 **권문혁**

출판신고 제 **2014-000075호**

주소 **서울시 마포구 월드컵북로 5가길 17 3층**

전화 **02) 326-1284**   전송 **02) 325-9941**

이메일 **openkid1234@naver.com**

ⓒ 김슬기 2026

ISBN 979-11-5676-154-9 03590